"十三五"职业教育部委级规划教材

江苏省现代职业教育体系建设试点"3+3"中高职衔接教材

服装设计基础

陈海霞　郑红霞　吉　玲　编著

中国纺织出版社

内 容 提 要

本书是中高等职业院校服装设计与工艺、服装与服饰设计专业教学的教材。全书共分为7个项目，内容包括：服装设计基础知识、服装设计形式美法则、服装造型设计、服装局部部件设计、服装色彩与面料设计、服装分类设计、系列服装设计。

本书以简单通俗的语言和直观明了的图例，从基本理论知识到实践操作做了详细的阐述。每章后设有思考与练习，并插入服装史的基础知识作为专业知识的拓展。本书注重基本训练，依据中高职学生的特点，着重体现项目教学法，同时力求文字简洁易懂，由简至繁，由浅入深，由易到难，以方便学生自主学习，通过学习可满足学生就业的基本要求。

本书适用于中高职院校服装专业教学，也可供服装从业人员参考学习。

图书在版编目（CIP）数据

服装设计基础/陈海霞，郑红霞，吉玲编著. --北京：中国纺织出版社，2018.1 （2021.8 重印）

"十三五"职业教育部委级规划教材 江苏省现代职业教育体系建设试点"3+3"中高职衔接教材

ISBN 978-7-5180-4538-9

Ⅰ．①服… Ⅱ．①陈… ②郑… ③吉… Ⅲ．①服装设计—中等专业学校—教材 Ⅳ．①TS941.2

中国版本图书馆CIP数据核字（2017）第328361号

责任编辑：宗 静　特约编辑：王梦琳　责任校对：寇晨晨
责任设计：何 建　责任印制：何 建

中国纺织出版社出版发行
地址：北京市朝阳区百子湾东里A407号楼　邮政编码：100124
销售电话：010—67004422　传真：010—87155801
http://www.c-textilep.com
E-mail：faxing@c-textilep.com
中国纺织出版社天猫旗舰店
官方微博http://weibo.com/2119887771
唐山玺诚印务有限公司印刷　各地新华书店经销
2018年1月第1版　2021年8月第4次印刷
开本：787×1092　1/16　印张：8.5
字数：99千字　定价：45.00元

前言
Preface

　　《国家中长期教育改革和发展规划纲要（2010—2020年）》提出，到2020年，形成适应经济发展方式转变和产业结构调整要求、体现终身教育理念、中等和高等职业教育协调发展的现代职业教育体系，满足人民群众接受职业教育的需求，满足经济社会对高素质劳动者和技能型人才的需要。因此，实现中等和高等职业教育协调发展是我国现代职业教育体系构建的战略目标。

　　目前，中职服装设计与工艺专业与高职服装与服饰设计专业教育的相互衔接和贯通越来越受到社会的广泛关注，实践也证明：通过中高职衔接，实行六年一贯制的培养，可以使服装技术技能人才的知识、能力、水平等综合素质得到大幅度的提升，为行业企业转型升级和经济社会发展提供有效的人力资源支撑。

　　本系列教材为中职高职服装与服饰设计专业人才培养而编写，是江苏省现代职业教育体系建设试点立项课题"现代学徒制服装设计专业中高职衔接人才培养体系的构建"（201517）阶段性成果之一，也是"十三五"职业教育部委级规划教材。本系列教材分《服装立体裁剪》、《服装设计基础》、《服装结构制图》、《服装缝制工艺》共4册，由常州纺织服装职业技术学院庄立新、江苏省金坛中等专业学校陈海霞共同担任系列教材的总主编。

　　服装设计是一门集艺术、工程、销售为一体的学科，服装设计基础是其中最为关键的核心课程，它涉及的范围较大，知识面较广，有社会政治经济、文化背景、艺术修养、民俗风情、人文素养等。作为服装设计师，要对这些方面的信息有一定的了解和认识，并将之在设计中有所表现及融通。同时，设计师不仅要熟练运用服装设计的技法还要掌握服装的结构变化、工艺流程、材料特性、流行趋势及营销手段。本书正是根据当今设计界对设计师的要求而编写，旨在引导学生对服装设计有一个正确而全面的认识。本书从培养高等技术应用型人才出发，着重讲述服装设计的基础理论、基本技能，配以大量图片实例方便学生的理解，并在此基础上更有效的运用到实践设计中去。在教学过程中，需要教师针对基础知识的理论与实践的相结合，让理论指引实践的操作，在实践操作中体会、理解专业的理论知识，拓展思维，不断创设新的思路和设计理念。本书适用于中高职院校服装专业教学，也可供服装从业人员参考学习。

《服装设计基础》由陈海霞担任主编，吉玲、郑红霞担任副主编。其中，目录、策划及文字由陈海霞编写，项目一、项目二、项目三、项目四图片由吉玲绘制，项目五、项目七、项目八图片由郑红霞绘制完成，全书由陈海霞负责统稿。

由于编者水平有限，难免疏漏，恳请院校师生与企业同行多提宝贵意见，以便及时修正。

编著者

2017年3月

教学内容及课时安排

章/课时	课程性质	节	课程内容
项目一 （6课时）	基础理论		• 服装设计基础知识
		主题一	服装设计的概念
		主题二	服装设计的要素
		主题三	服装设计师
项目二 （6课时）	讲练结合		• 服装设计形式美法则
		主题一	点、线、面在服装设计中的运用
		主题二	形式美法则在服装设计中的运用
项目三 （12课时）	讲练结合		• 服装造型设计
		主题一	服装造型的基础知识
		主题二	服装造型与廓型的关系
		主题三	服装造型与结构的关系
项目四 （16课时）	讲练结合		• 服装局部部件设计
		主题一	衣领的造型设计
		主题二	衣袖的造型设计
		主题三	衣袋的造型设计
		主题四	其他局部部件设计
项目五 （20课时）	讲练结合		• 服装色彩与面料设计
		主题一	服装色彩设计
		主题二	服装面料设计
项目六 （26课时）	讲练结合		• 服装分类设计
		主题一	服装分类方法
		主题二	女装设计
		主题三	男装设计
		主题四	童装设计
项目七 （33课时）	讲练结合		• 系列服装设计
		主题一	系列服装设计的要素
		主题二	系列服装设计的形式
		主题三	系列服装设计的要点

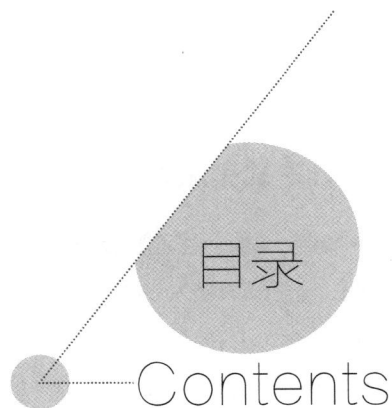

目录

Contents

项目六

服装分类设计………………………………………………………………… **078**

项目一　服装设计基础知识

主题一　服装设计的概念

一、服装的含义

服装广义的概念是指衣服和服饰品。衣服又指衣裳，包括上衣和下装；服饰品包括鞋帽、胸针、丝巾、首饰等（图1-1）。服装狭义的概念是指衣服，它包括上衣和下装。

图1-1　服饰品

二、服装与时装的关系

时装是指在某一特定阶段流行的时尚的服装，它具有时间性、流行性及新颖性三方面的特性，是社会特定时期和文化时尚物化的结果。

服装与时装具有互相转换的关系，时装在穿着作用上又各具使命。服装注重的是穿着功能性（图1-2），时装注重的是艺术审美性（图1-3）；前者侧重生理需求，后者侧重心理需求；前者更多考虑市场实用，后者更多考虑流行因素和时尚要素。

图1-2　服装

图1-3　时装

三、服装设计

设计就是将构思的内容用各种形式表现出来的一种活动，它用一定的材料塑造平面的或立体的形象来反映客观事物，且具有美学因素。

服装设计是指运用一定的美学规律，将设计构思用裁剪、工艺、造型等手段表现出来的一种过程。它是一门综合学科，涉及科学、政治、宗教、文化等相关知识，同时还要掌握造型结构、缝制工艺、面料再造、生产管理、市场营销等方面的技能。

服装设计不仅指对衣服的设计，还包括对服饰品的设计。例如，对鞋、帽、首饰、丝巾等的设计。在服装设计的领域中，注重服饰品与衣服在风格、情调上保持一致性和统一性尤其重要，衣服是主体，服饰品是补充和点缀，它们相互依存，相互补充，构成服装设计的整体。没有服饰品的设计只是没有灵魂的衣架，不能完整地表达设计师的思想和创意。

主题二　服装设计的要素

随着经济的发展，人们对服装的要求不再停留在基本的遮羞、保暖等功能上，而是对服装的美观、新潮、时尚提出了要求，这就体现了服装设计必须具有新要求、新高度、新创意。设计师要达到市场的需求首先要从服装设计的要素入手，服装设计的要素有：造型、色彩、面料。

一、造型

造型在某种意义上说，是占有一定空间的、立体形象，以及创造这个立体形象的过程，所以它既是名词又是动词。构成造型的要素：有点、线、面、体四个元素，它的构成既视觉化又触觉化的立体形象（图1-4），服装造型是指通过构思设计、运用缝制等工艺手段、塑造立体的服装形象的过程和结果。它注重的是外观效果，让人从远处可以感受，具有直观、明了的特点。

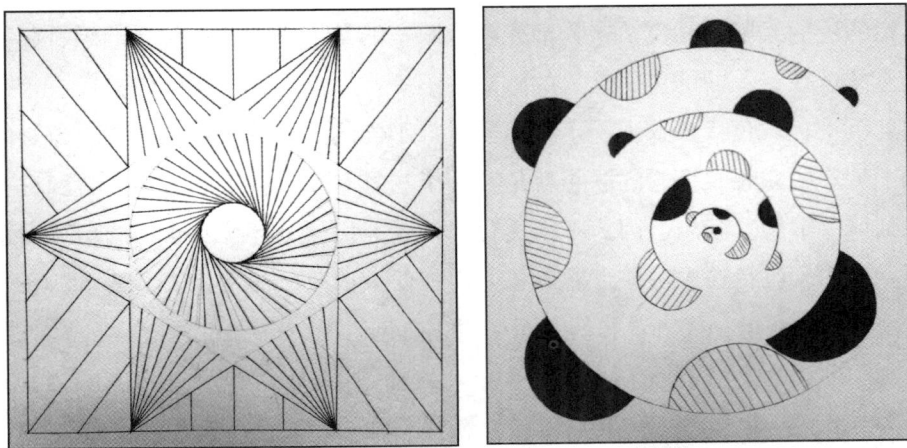

图1-4　点、线、面

服装造型又可分为外造型和内造型两个部分，外造型是指服装的外观轮廓，也简称为廓型。为了简便地反映出服装的外造型，我们常用字母来表示服装造型。主要有以下几种廓型表示法：A型、H型、X型、T型等字母表示法（图1-5）。

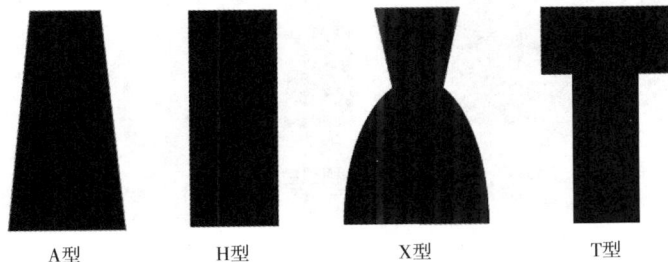

A型　　　　H型　　　　X型　　　　T型

图1-5　廓型表示法

A型：上小下大，呈喇叭状。

H型：上下宽度基本相同，衣身呈直筒状。

X型：上下宽大，中间束紧。

T型：上大下小，呈倒梯形。

内造型是指服装的内部结构，也称为款式。包括衣片的分割线、结构线、省道、衣领、衣袖等。它侧重于点、线、面形态的形状及构成关系。

外造型与内造型是一件服装的两个方面，其相辅相成，缺一不可。外造型决定着内造型的细节样式和组合，内造型又影响着外造型的外观状态和总体形象。所以，这两部分合二为一，构成服装的完整形象。

二、色彩

色彩指颜色的光彩，在生活中，最先映入眼帘的是色彩，色彩对人的感官刺激决定了人们对色彩的选择，不同的色彩给人的感受并不一样。例如，红色代表喜庆、吉祥；黑色代表庄重、沉重；黄色代表权力、丰收。同时，不同的联想因素也能影响对色彩的感知，由此产生了色彩的联想。色彩的联想就是某一事物具有某一特定的色彩，看到这一色彩自然会联想到那一事物。联想会因为不同文化、背景、民族、环境及生活阅历等因素存在一定的差异。例如，红色在中国象征着幸福，而在西方国家可能就代表着战争；在中国白色会运用在丧事的形式里，代表着悲伤，而在西方白色运用在婚纱上，象征纯净（图1-6）。

图1-6　红色和白色的服装

服装设计中运用色彩首先要了解色彩的基础知识，掌握色彩的特性，遵循色彩构成的基本规律。

1. 色彩的三属性

色彩的三属性是指色相、明度、纯度，这也是色彩的三要素。

色相是指颜色固有的面貌，如红色、黄色和蓝色（图1-7）。

图1-7　色相

纯度是指色彩的纯净鲜艳程度。如一种颜色不加入任何颜色就表示它的纯度最高，加入其他的颜色则纯度降低。在服装设计中降低纯度的方法一般有以下几种：

一是加入白色，降低纯度，提高明度，色感偏冷。

二是加入黑色，降低纯度，降低明度，色感偏暖。

三是加入灰色，降低纯度，色相具有神秘、高雅的感觉。

明度是指色彩明暗的程度。例如，一种颜色加白色越多，明度越高；加黑色越多，明度越低（图1-8）。

← 加白明度提高　　　　　　加黑明度降低 →

图1-8　明度

在色相环中，明度最高的是黄色，最低的是蓝紫色；纯度最高的是红色，最低的是蓝绿色（图1-9）。

图1-9　色相环

2. 色彩的对比与调和

色彩的对比是指两种或两种以上的色彩进行比较时所产生的差别。如黑色与白色，白色与红色，红色与橙色，这些色彩并置在一起则会产生不同的视觉感受，色彩的对比不同于对比色的搭配。对比色的搭配是指色相环中相差120°左右的颜色进行的搭配，它们产生的色差效果强烈，具有刺激、活跃、兴奋的感受，但在搭配时需注意控制色彩面积、分量及位置的变化，否则难以把握。

（1）色彩的对比：除了色相对比还包含色彩明度对比、色彩纯度对比及色彩冷暖对比等，不同的对比所产生的视觉效果是不一样的。

（2）色彩的调和：就是色彩协调，指两种或两种以上的色彩放置在一起具有和谐、统一的效果，使人产生美的、心情舒畅的感受。

服装设计中，我们比较常用的调和方法有：同一调和法、类似调和法和对比调和法（图1-10）。

①同一调和法：是指在色相环中0°左右色彩的色相、明度、纯度的调和方法［图1-10（a）］。

②类似调和法：是指在色相环中60°左右色彩的色相、明度、纯度的调和方法［图1-10（b）］。

③对比调和法：在色相环中120°左右色彩的色相、明度、纯度的调和方法［图1-10

（c）]。

(a) 同一调和法   (b) 类似调和法   (c) 对比调和法

图1-10   调和法

三、面料

面料是服装设计中将构思物化过程的主要载体，不同材质的面料由于肌理、光泽、色彩的区别，影响着服装的造型风格及形式。合理巧妙地选择面料，利用面料的性能、风格，才能准确地表达设计师的创意和思想。例如，服装的情调是飘逸的感觉，那么面料就要轻薄，有下垂感，可以用真丝、雪纺等；再如，想要表现一种硬朗的风格，面料则选择毛呢、涤纶、毛涤混纺等。

同时，还可以按照服装款式风格的需要，对面料进行再造手段，使之具有更加鲜明的个性特征和新鲜感，从而表现设计的效果。我们常用的再造手段有起筋、缉带、抽褶、扎结、拼结、编制、染色、手绘等（图1-11）。

(a) 起筋   (b) 缉带   (c) 抽褶

图1-11

(d) 扎结

(e) 拼结

(f) 编制

(g) 染色

(h) 手绘

图1-11　面料再造

如今的服装行业，面料织造不再是传统的形式，面料再造已经越来越受到消费者青睐，还出现了很多新型的、有特殊功能的面料，这也对我们设计师提出了新的要求。

主题三　服装设计师

服装从远古时代发展到今天，不再仅仅是生活中的遮羞、保暖的物品，它甚至成为艺术品，其审美功能越来越受到人们的重视。随着人们对审美的要求越来越高，这就需要通过设计师的不断创新设计去满足市场的需求。

服装设计师不是工厂的制板师、工艺师，他（她）要经过一系列有关服装从设计到产品甚至到市场销售的培训，也就是说设计师必须具备绘画能力、审美能力、创造能力及感悟能力，除此之外还要具备专业技能和专业知识。

一、服装立体造型的能力

服装造型是由平面的布料通过剪裁、工艺等手段变成立体成衣的过程和结果。它具有长度、宽度、厚度三要素，形成三维空间，相比具有长度、宽度的二维空间款式，造型从外观效果上看，更加具有立体的强烈视觉冲击力，是具有空间的实物。

设计师要用三维立体的眼光去观察各种事物，在生活中体会、感悟立体造型的存在，再运用到服装中去。这种能力不是一蹴而就的，而是需要平时不断地积累素材，从而达到灵活运用的目的。

二、色彩和面料的使用能力

服装设计师每个季度都会出去收集流行讯息，如款式、色彩、面料、人们的消费水平及喜好，为新的设计储存资源带来灵感。其中，面料、色彩在其中占有极为重要的地位，很多的设计灵感就来源于某一刹那对色彩的感悟或者某一面料的质感和图案带来的灵感源泉（图1-12）。

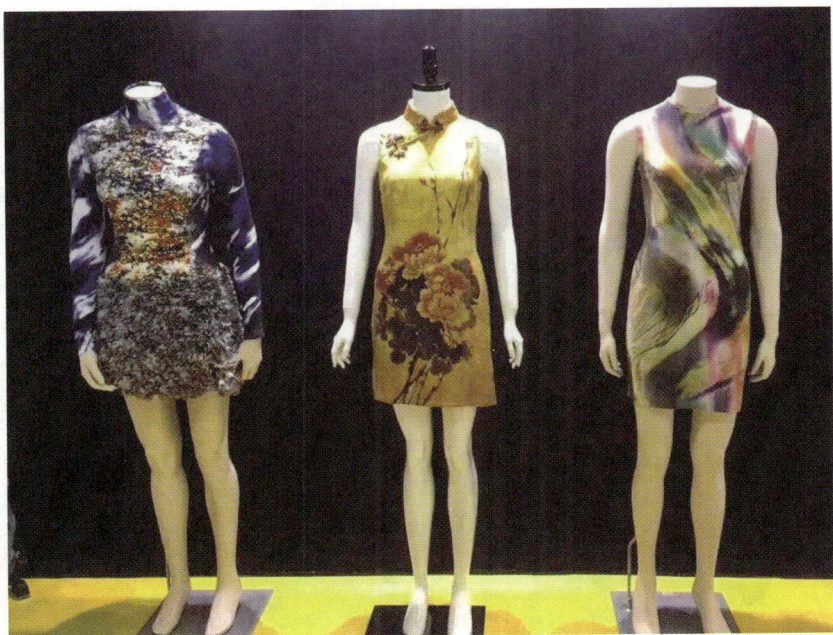

图1-12　色彩和面料的切入点

三、设计图稿的表达能力

有了灵感，基本就有了设计的切入点，此时就需要设计师进行款式的构思，构思的过程就是把有关设计主题的一切资源进行整合、提炼、表现。这个阶段表现出来的手稿可能比较杂乱，是零碎的、瞬间的想法，然后将这些手稿进行选择、补充、完善，形成完整的一套服装款式。设计图稿的表达可以有多种形式，一般是手绘款式图、时装画、数码设计图，这些形式的表现都需要设计师有一定的绘画功底，以及对服装人体结构的掌握，对造型轮廓的描绘，对色彩、面料的表现，等等。

四、系列设计的能力

现在市场上的服装产品不再是单品的呈现，服装都以系列的形式展示给消费者，设计师在进行设计的过程中要考虑一系列的服装款式，这就涉及系列服装的特性。首先，设计师要确定系列设计的主题，根据主题构思风格、情调；其次，根据主题及与主题相对应的情调设计出第一款服装，即基型。

基型的确定非常关键，它要集中表现主题的含义，有突出的款式特征切合主题，还要紧跟当今的流行趋势。最后，在基型的基础上衍生出其他各套服装。系列服装的生成需要三个要素，即数量、共性和个性，这三要素也是系列时装的特性。数量是指服装的套数必须有三套或者三套以上，否则不成系列；共性是指系列服装之间有共同的主题、共同的造型、共同的款式特征、共同的面料、色彩等；个性是指系列服装中各套服装都有其自己的款式特点，不能千篇一律（图1-13）。

图1-13　服装系列设计

五、制板、样衣制作的能力

服装设计完毕就进入制板、样衣试制的阶段，样衣的试制是用来检验设计作品的结构合理性和工艺可行性，此阶段设计师同样要跟进，以便发现问题及时修正，有的设计师会亲自制板和制作，这样能够更快捷、更合理地解决问题。设计师只有具备了制板、制作的能力，才能设计出符合人体结构、运动特征的服装。

思考与练习

1. 服装的含义是什么？

2. 服装与时装有什么关系？

3. 服装设计的概念是什么？

4. 服装设计的特性指哪些？

5. 色彩的联想概念？

6. 简述服装设计的三要素。

7. 收集并绘制不同造型的服装款式，说说它们的特征表现。

8. 讨论一下现在有哪些新型面料的出现。

9. 简述降低色彩纯度的方法是什么？

10. 服装设计师要具备哪些技能？

项目二 服装设计形式美法则

主题一 点、线、面在服装设计中的运用

世界上一切物体都有其造型，服装也不例外，服装造型是一种视觉造型艺术，具有实用和审美的功能，只有将两者相结合起来，才能设计出具有美感、艺术造型的服装。

点、线、面是造型艺术的构成要素，服装的造型自然也离不开点、线、面的构成。众所周知，服装附着于人体，是立体的；而构成服装的面料是平面的。如何将平面转化为立体，就是通过点、线、面的组合、分割、排列，从而组成具有形式美的立体服装造型。

一、点的运用

点在几何学中没有长度、宽度和厚度，不占任何面积，它可以是两条直线的相交点，也可以是线段的两端。在服装设计中，点的特点是大小不固定、形状不固定。

1. 大小不固定

点的大小是相较于服装其他部位的大小而言。例如，纽扣与衣袋相比较，纽扣是点；衣袋与衣身相比较，衣袋又是点。由此而知，我们的胸花、领结、丝巾、腰带、局部的图案等相较于整个服装来说也是点（图2-1）。

图2-1 "点"形大小饰物在服装中的运用

2.形状不固定

我们习惯的思维认为点的形状就是圆形，在服装中的点则不然。它可以是圆形、方形、菱形以及各种不规则的形状。例如，纽扣是点，它有几何形状、动物形状、水果形状（图2-2）；衣袋是点，它有方形、椭圆形、任意形等（图2-3）；服装局部的图案，可以是规则的图案，也可以是不规则的图案，这些作为服装中的点的形状各种各样，千奇百态，并不固定（图2-4）。

图2-2　扣子

图2-3　袋子

图2-4　图案

在服装设计中，点的运用除了表现在服装款式中，也可以在服饰中出现，如胸花、胸针、领结、帽子、手链等（图2-5）。

图2-5 "点"形状饰物在服装款式中的运用

二、线的运用

平面构成中，线具有长度，占有一定的位置，但不具有宽度和厚度，服装造型中的线可分为直线和曲线两大类型。直线又包括水平线、垂直线、折线、斜线；曲线分为几何曲线、自由曲线。不同类型的线具有不同的特性及表现力。

1. 水平线

水平线具有延伸、稳定、平衡感，常用于服装的前胸、后背、肩部，作为这些部位的分割线，具有稳健、安定的感觉。但是，过多地运用水平线会使人产生横向扩张感，使瘦人显胖。水平线密集的排列运用还会产生面感，由线转化为面，产生视觉上的增高效果（图2-6）。

2. 垂直线

垂直线具有拉伸、挺拔以及庄严的感觉，运用到服装上可以拉伸人体的长度，常用于服装衣身、袖片、裙片、裤片的分割和装饰。但是，过多过密地运用垂直线排列，会使服装的整体感减弱，本来的拉长作用消失，会产生视觉上的增宽感（图2-7）。

图2-6　水平线

图2-7　垂直线

3. 斜线

斜线具有轻快、活泼的动感，给人以积极向上、跳跃的感觉，常用于运动装的分割和装饰，如袖片、衣身等（图2-8）。

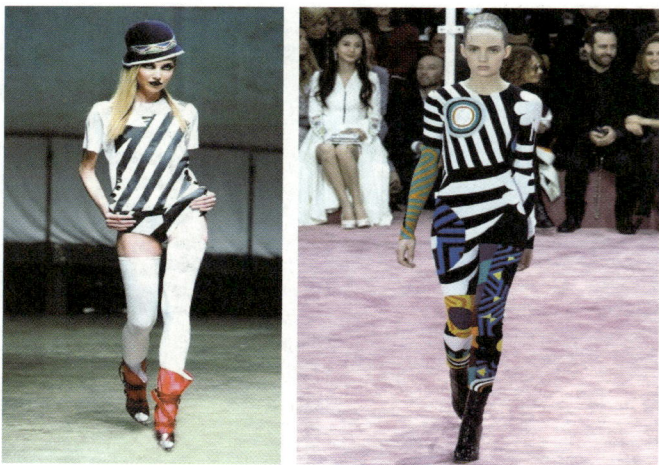

图2-8　斜线

4. 几何曲线

几何曲线是具有一定规则的、有秩序的曲线，如圆、椭圆、抛物线等，给人一种圆满、充实的感觉。将其运用到服装上，可产生运动、流畅、回转的效果。例如，帽子、衣领、衣袋、下摆、服装的图案等（图2-9）。

图2-9　几何曲线

5. 自由曲线

自由曲线是指没有规律、没有明确方向的随意曲线，其特征随意、自由、奔放，一般运用于服装的下摆、袖口、衣领等部位，给人以丰富多彩的艺术美感（图2-10）。

图2-10　自由曲线

　　线在服装造型中的变化也是多种多样的，不同的数量、排列、组合、方向都会给人以不同的视觉感受和情感，我们在运用线的造型时，不仅只考虑单种线条的运用，还要将不同特性、粗细、方向的线条组合运用，从而丰富服装款式，变化出多种造型。线条排列时还可以疏密相间，重复排列，渐变排列，从而产生不同的表现力。

三、面的运用

　　面在几何学上说，具有长度和宽度，没有厚度的二维空间，它是一个平面。面在服装造型上，基本可分为方形的面、三角形的面、曲线形的面。

　　1. 方形的面

　　方形的面指正方形、长方形、梯形，具有庄重、稳定、正直的特性，多运用于男装，如中山装、风衣、夹克衫的衣身、分割面、衣袋的轮廓等，给人以严肃、沉稳、正直的视觉感受（图2-11）。

　　2. 三角形的面

　　三角形的面是指正三角形和倒三角形两种不同形态的面。正三角形的面具有稳重、扩张的造型效果，多用于女装的裙装、下摆、袖口的设计（图2-12）。倒三角形的面

图2-11　方形的面

具有夸张、不稳定感，给人以活泼、锐利的力量，多用于男装的肩部造型。

图2-12　三角形的面

3. 曲线形的面

曲线形的面是指圆形、椭圆形、随意形曲线的面，它具有圆润、饱满、充实的感觉，多用于女装的造型，如旗袍、衣裙的下摆、袖型的设计（图2-13）。

图2-13　曲线型的面

曲线形的面在随意的变化中体会变幻的视觉感受，充分体现了女性服装的柔美、丰富、潇洒、多变的特征。

当然，在进行造型设计时，不是一种面形独立存在的，要将多种形态的面进行组合设计，使服装更具有独特的魅力。服装造型设计基本有以下几种面的组合类型：

（1）方形与三角形组合（图2-14）。

（2）正方形与长方形的组合（图2-15）。

图2-14　方形与三角形组合

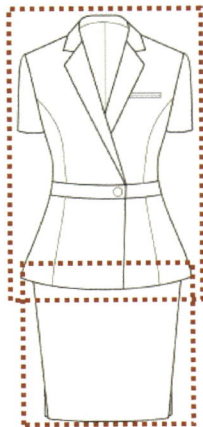

图2-15　正方形与长方形的组合

（3）椭圆形与方形的组合（图2-16）。

（4）三角形与椭圆形的组合（图2-17）。

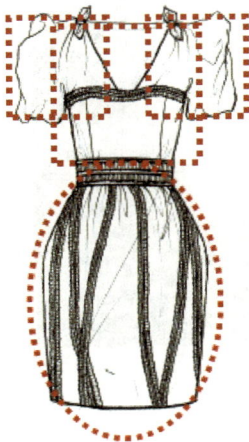

图2-16　椭圆形与方形的组合

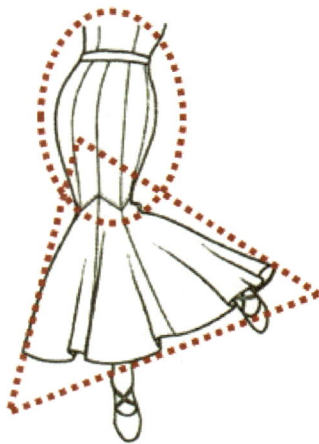

图2-17　三角形与椭圆形的组合

总之，在服装设计中，点、线、面作为服装造型的设计要素，它不是孤立存在的，点的延伸就是线，线的排列就是面，三者相互转化，相互联系。只有巧妙、合理地将点、线、面组合并加以综合运用，才能设计出丰富多彩的服装造型。

主题二　形式美法则在服装设计中的运用

艺术设计中的一切都有其评判标准，自然，服装设计作为艺术领域的一分子，也有其美的标准，这个标准就是形式美法则。形式美法是指对自然美加以分析、排列、组合、总结，从理论上形成既有统一又有变化的协调美的概括。服装设计运用形式美法则，可以提高美的表现，体现服装搭配的和谐、服装造型的合理性，所以我们必须培养对形式美的认知和运用能力。

一、对称

对称是物体形象的各部分在中轴线的左右、上下对等的排列。自然界中的一切自然物大多以对称的形式存在，如昆虫、动物、鱼类、建筑等。人体也是一个对称形式的体现，人体的中心线为中心轴，左右同质、同量、对等的排列，而服装附着于人体之上，所以服装的一般形式也是对称的（图2-18）。

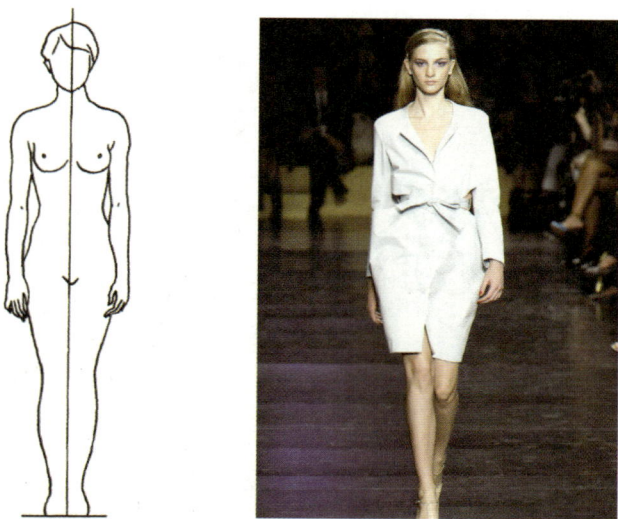

图2-18　人体及服装的对称形式

在服装构成中，对称分为绝对对称和相对对称。

1. 绝对对称

绝对对称是指以中心轴对折后，所有形态完全重合，它给人一种端正、稳定、庄重的感觉，如中山装、夹克等（图2-19）。在服装中表现了视觉的平衡、稳定，但有时也显得呆板和单调。

图2-19　绝对对称服装款式

2. 相对对称

相对对称是沿中心轴对折后，形态大体相同，小处有变化，但总的量和质还具备对称形式。因为相对对称在局部有小的变化，所以更加具有调和、活泼的感觉，在单调中加入一丝变化，使服装在稳定中不失动感。例如，西服左胸部有手巾袋的变化，旗袍有偏门襟的变化，男衬衫有左胸袋的变化等（图2-20）。

图2-20　相对对称服装款式

二、均衡

均衡又称平衡，是物体在中心轴两侧形态不对称，但在质与量的排列上达到视觉上的一种对称形态（图2-21）。例如，生活中的盆栽，本不是对称的表现，但却让人觉得平衡，因为中心轴两边的总量是对等的，只是位置和数量会有所变化；再如，茶壶本不是对称的物体，但壶嘴和把手的设计却又使人觉得平稳，这就是均衡的效果。服装造型的均衡一样也是视觉上一种平衡感，均衡就是在服装构成中寻求一种稳定、和谐和生动。

图2-21　生活中的均衡

在服装中，一般均衡体现在两方面：一方面是款式结构上，运用点、线、面的排列、组合，将衣片以分割、重叠、重组等形式，达到服装整体的均衡感。例如，在上装中衣身分割较多，下装就尽量简洁、不分割，从而达到一个整体均衡；上衣造型在肩部宽大、蓬松，下装则多以适身或紧身的造型存在，同样还可以通过口袋的位置、门襟的变化、纽扣的多少和疏密等多种方式达到均衡的效果。

另一方面是色彩、装饰物的均衡。例如，一件礼服在下摆处的一侧装点有刺绣的花型，那么为了达到均衡的效果，会在礼服上的上半部分的另一侧增加一个装饰物，以此达到平衡的效果（图2-22）。

图2-22　服装中的均衡

三、对比

日常生活的对比处处皆是，大与小，高与矮，厚与薄，圆与方，深与浅等，都是人们熟悉的生活一的部分。在艺术造型中，对比同样常见，它是形式美的法则之一，也是服装设计中常见的形式。

在服装设计中对比主要表现在以下三方面：

1. 款式对比

在款式构成中，长与短、圆与方、多与少、宽与窄等都构成形态上的对比，这种对比的出现使服装具有了灵动、变幻的效果，服装多姿多彩、变化丰富，同时配合人体曲线，加强人体本身结构的对比美，更加突显服装与人体的一种统一和契合，增强了艺术感染力（图2-23）。

图2-23　款式对比

2. 色彩对比

色彩有三要素，即色相、明度、纯度，从而色彩的对比也具有色相对比，明度对比及纯度对比。在服装设计中，色相、明度、纯度对比的不同配置都会造成服装不同的效果和感染力（图2-24）。例如，在色相环中，两个同类色（0°~30°）之间的对比则产生统一、单调的配色效果，给人以安静、整体的感觉，但也会显得呆板、模糊。类似色（60°）对比，既统一又变化，色彩充实，具有丰富变幻的感觉。对比色（120°）和互补色（180°）的对比，产生强烈的效果，造成视觉的冲击，使人具有兴奋、饱满的情感，但如果在面积的关系上处理不好，则会有杂乱和不安定的感受。同理，不同明度、不同纯度的色彩对比同样也会产生不同的视觉感受和情感。

图2-24　色彩对比

3. 面料对比

面料的对比一般是指面料在质地方面的对比，如厚与薄、软与硬、花与素、立体与平面、粗糙与细腻等（图2-25）。服装由于不同质地的对比形成不同的风格效果，因此，设计师们经常会使用面料的对比，以表达不同的风格、情趣。

图2-25　面料对比服装

四、节奏

节奏是常用在音乐中一种专业术语，在我们艺术设计中也会出现。节奏在服装设计中是指一种形态，按规律反复排列出现的形象。由于反复，所以有了节奏，而这种反复又可以形成多种形式，具体表现为点、线、面三种形式（图2-26）。出现了点的聚合和分散；线的不同方向排列线可以有直线排列、曲线排列、折线排列，如裙摆、荷叶边的设计、衣身或裙装的结构缝和装饰缝；面的节奏表现则是不同色块的反复拼接，可以根据线的分割形成不同的形状、数量、方向的色块，排列组合形成节奏感，用于服装的局部设计。

图2-26　节奏变化的服装

五、分割

分割是将一个整体形态分开，形成几个小的形态。在艺术设计中，分割作为一种艺术手段将各种不同的形态重新组合拼接，形成更有艺术形态和完美的造型。分割的比例形式很多，有3：1、2：1、1：1，其中黄金分割比例1：1.618是最为经典、最为常用的一种比例方法（图2-27）。在设计中，分割手法的运用越来越受到设计师的青睐，是设计形式不可或缺的一种手段。分割的作用有两个方

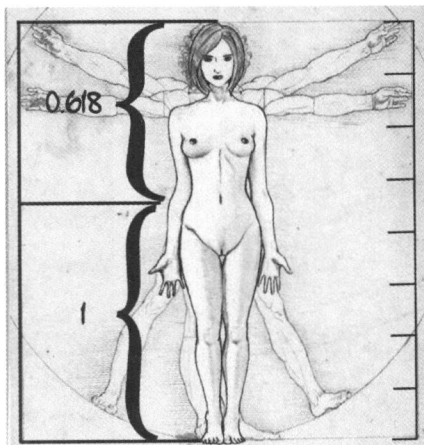

图2-27　黄金分割

面，一个是具有连接作用，另一个是装饰作用。前者具有功能性，根据人体的比例、特征将衣片分割成若干裁片，以便更加符合人体的曲线，达到穿着舒适的效果；后者具有装饰性，其不同的分割形式可以加强服装的设计感，产生不同的效果。分割的形式主要有以下几种：

1.横向分割

横向分割具有稳定、增宽感，使得视线做横向运动，瘦小的人适合横向分割，但随着横向分割的增多，分割效果也会发生改变，产生视觉纵向错觉（图2-28）。

图2-28　横向分割

2.纵向分割

纵向分割具有修长、拉伸感，使视觉作上下移动，肥胖的人适合于纵向分割，但纵向分割过多也会使分割效果改变，产生视觉横向错觉（图2-29）。

图2-29　纵向分割

3. 斜向分割

斜向分割具有延伸、动感。一般用在女装设计上，如衣身、裙片等（图2-30）。

图2-30　斜向分割

4. 曲线分割

曲线分割具有婉转、柔美之感，适用于女装，制作难度较大。分割是服装设计中非常重要的手法，可以通过分割增强服装效果，将单调、呆板的设计变得丰富、安定，同时还可以增强服装的视觉冲击，产生强烈的效果（图2-31）。但是分割不可过多，否则会没有整体感，过于琐碎。

图2-31　曲线分割

分割在服装设计的实际运用中，连接作用和装饰作用常常连接在一起，很多分割线既有连接作用，又有装饰作用。例如，女装的公主线表面上是连接了两个裁片，其实通过分割包含了省道的作用，将女性的胸腰曲线表现出来。

六、呼应

呼应是一种相互对应的关系，如在一处有图案的表现，另一处也出现了此种图案与之相对应，即是一种呼应。在服装设计中，还会有色彩、形态、装饰等方面的呼应关系。服装与服装之间也有呼应关系。例如，上衣与下装，局部与局部之间有呼应；再如，口袋与衣领、衣领与袖口或下摆有呼应等。服装与服饰之间也有呼应。例如，衣服与鞋、帽、箱包、肩饰等（图2-32）。

图2-32 呼应

七、强调

强调就是突出，加强、显现中心，与削弱形成对比关系。在服装设计中，每套服装都有一个中心点，突出服装的美，这个突出点可以是形态、色彩、面料或者装饰。例如，一件色调较为灰暗的女装，为了打破沉闷感，搭配上一条鲜艳色彩的丝巾。这里丝巾就是一个中心点、突出的部位，人们的视线会被丝巾所吸引，削弱了女装沉闷的感受，增添了几许活力（图2-33）。

当然，有时候我们强调的不仅是只有一个中心，可以有几个中心点，那么，在几个中心点中就要有一个突出的、主要的，其他为次要的，绝不能有几个中心突出，这样会产生杂乱、零散的感觉，强调的功能也就丧失了。

图2-33　强调

思考与练习

1. 简述服装设计中一般有哪些形式美法则？

2. 点、线、面的组合运用练习。根据对点、线、面的认识和掌握，学生尝试着在服装款式图中的表现，完成相关练习。

3. 什么是均衡？

4. 对比在服装设计中的运用表现在哪些方面？

5. 分割有哪些形式，又是如何运用在服装上的？

6. 四种分割形式的练习。学生可以按四种不同形式的分割设计几款服装款式图。

7. 什么是强调？请学生说说强调在服装中怎么运用？

项目三　服装造型设计

主题一　服装造型的基础知识

造型是一切艺术设计的基础，具有双重含义。第一，做动词，它是创造物体形象的过程。第二，做名词，是创造物体形象的结果。由此推理，服装造型也就是创造服装形象的过程和结果。

一、服装造型与人体的关系

俗话说"量体裁衣"，就是测量人体尺寸后进行裁剪、缝制出衣服。这句话道出了服装与人体的关系，说明服装是以人体各部位的尺寸为基础，根据人体的结构特征、运动范围等因素进行造型的设计产品。

人体是服装的载体，服装又是人体美的表现形式，两者相辅相成，互相制约。脱离人体特征的服装是不切实际的，是浮夸的，没有灵气的；而没有服装来衬托的人体又是没有美感的，所以在进行服装设计时，造型的设计一定要依赖于人体的特征。不能天马行空，人体一般有静态和动态两种状态。静态的人体所体现的身体肌肉与关节是最基本的尺寸，也就是我们所讲的净尺寸，它是进行结构制图的一个重要依据。动态的人体在日常活动中进行运动时所体现的动态，会有胳膊的伸展，腿部的弯曲，腰肢的扭动，这就要求附着于人体的服装要有一定的空间，方便人体四肢各部位的扭动，在结构设计时就要加入放松量。

二、造型与空间的关系

空间是指物质存在或运动的空间。任何物体都有一定的占有空间，空间的大小、形状、性质决定了物体的不同存在形式。服装具有一定的空间，人体也占有空间，服装与人体之间的空隙也占有空间，所以我们将整个人体穿着服装所占有的空间称为外空间，服装与人体之间的空隙称为内空间（图3-1）。

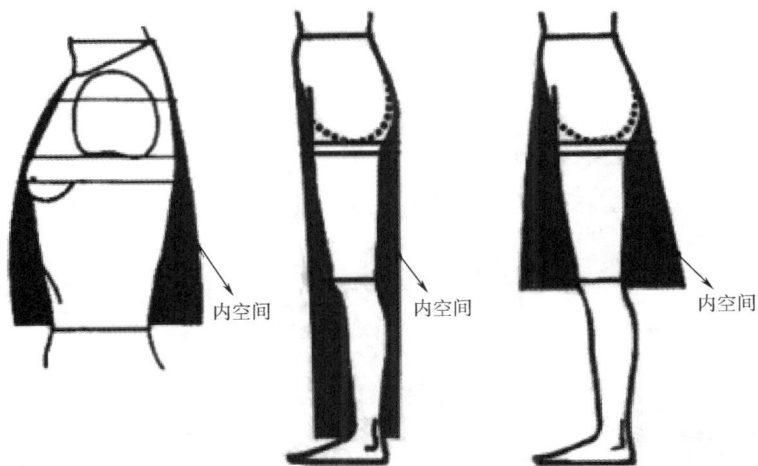

图3-1　造型与空间的关系

外空间越宽大，则服装造型越夸张，设计师一般通过加大下摆、放大加放量以及运用硬挺、蓬松的面料等手法将服装的造型塑造得宽松、夸大。内空间的大小则完全依靠加放量的多少，加放量越大，人体与面料之间的空间越大。但是，不同的面料也会有不同的空间，轻薄柔软的面料比较下垂，与人体较为贴近，内空间相对就小；厚重硬挺的面料则相反（图3-2）。要想塑造出合理而又美观的服装造型，内外空间的掌控非常重要，人体的不同部位具有不同的形状，静止和运动状态下又有不同的运动加放空间，这就要求服装设计师根据这些因素确定不同空间，既要使服装有舒适感，还要有设计的造型特征。

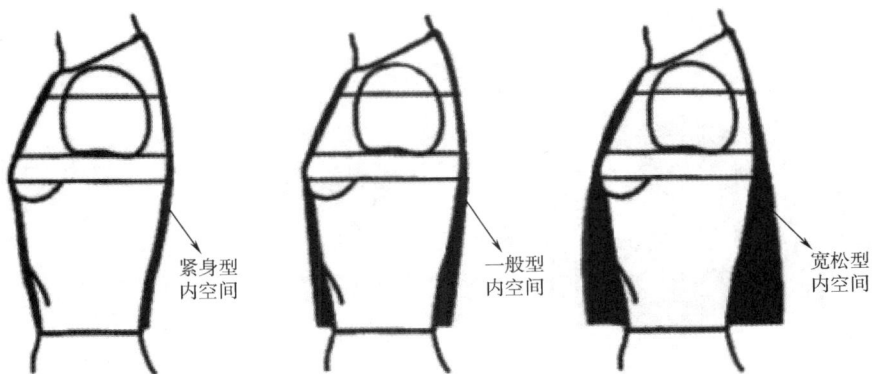

图3-2　内空间与外空间的关系

三、造型与面料

在远古时代，服装的功能是为人体遮羞、保暖，是最基本的服用功能，人们用树叶做面料，用骨针做缝制工具。随着社会的进步，遮羞不再是服装的首要功能，装饰功能越来越受到重视，面料的设计也越来越多元化（图3-3）。缝制工具的现代化，工艺的多样化已经成为必备条件。

图3-3　从远古时期树叶服装到面料服装

面料是服装的重要组成部分，是制作服装必不可少的材料。一般服装都是由面料和辅料构成（图3-4）。面料的特性，如肌理、色彩、图案，决定了服装的造型，服装的造型又离不开面料的特性，两者相辅相成，作为设计师，既要表现服装造型，更要了解面料的特性，从而完成设计的构思和风格。服装面料的性能，主要有物理机械性能、化学性能及服用性能。

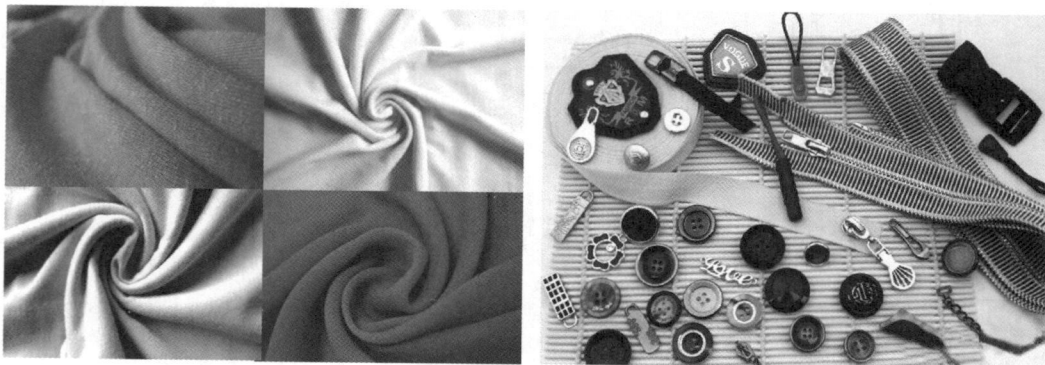

图3-4　面料和辅料

主题二　服装造型与廓型的关系

服装廓型是服装外轮廓的造型，是服装设计中的重要条件。它是服装外部轮廓在空间中存在的形式，是一种外观概况，不具备服装内部的结构和款式细节。在设计过程中，设计师一般都用廓型来表示服装的造型，它可以简单概况并方便地体现出服装的造型，也能较好地使设计师把握流行和时尚的信息。

随着社会文明的进步、经济的发展，我们的服装造型从远古时代的缠绕式、披挂式，发展到今天变化多样的结构形式，是一个由感性到理性的过程，人们对于服装的要求不再仅仅是遮体、保暖等功能，更多的是一种美感的需求，由此，衍生出如今多种造型的服装。为了简便地辨识多种造型，我们可以根据服装的外观来归纳其造型，可分为A型、H型、X型、T型四种廓型。

一、A型

A型上窄下宽，肩部以适体为准，下摆放大，中间不收束，形成A字型。一般用于女装的喇叭裙、连衣裙、披肩、小短裙等。它具有灵动活泼的效果，又不失浪漫的情调（图3-5）。

图3-5　A型设计

二、H型

H型上下一样宽窄，肩部以适体为准，下摆与肩部变化不大，腰部不用收束，其造型像字母H。一般用于风衣、中山装、直筒裙等。它具有大方、含蓄、稳定的美感（图3-6）。

图3-6　H型设计

三、X型

X型肩部和下摆放大，中间收紧，形成字母X型。具有优雅、柔美的效果，是体现女性婀娜多姿的最佳选择（图3-7）。

图3-7　X型设计

四、T型

T型上宽下窄，肩部宽大，下摆收窄，中间不收束，形成字母T型。具有休闲、舒适、刚强的中性风格。男装中的夹克、风衣是H型的典型代表（图3-8）。

在字母型表示法中，还有S型、V型。其基本轮廓分别与X型、T型类似，所表现的情感

图3-8　T型设计

和风格也相同，在此不作详细表述。

由以上四种表示法可以看出，影响服装廓型的因素是肩、腰、下摆和围度的变化。肩部作为服装上部的一个支撑，变化不能太大，只能通过垫肩的大小、厚薄改变袖山结构等办法，设计成耸肩、宽肩、窄肩效果；下摆宽窄、长短的变化直接影响着廓型，给女装以不同风格情调；同时下摆的层次、轮廓线的变化，也是决定着廓型的整体效果和审美情趣。

围度的变化主要是指胸围、腰围、臀围的变化，不论哪一种廓型，都离不开对三围的控制，它是决定廓型的关键。例如H型的廓型，在腰部收束则可以转化为X型，在腰部放大放松则转化为O型，当然，服装面料材质、工艺手法的不同也会影响着服装的廓型。

主题三　服装造型与结构的关系

服装造型是服装的外观效果，能够让人一眼就可以感受到的，它可以直观地表现服装的外部轮廓；所占空间的立体轮廓结构是服装的内部布局，是细节、款式，它有分割、拼接、装饰与多种形式组合。两者不可独立存在。一件服装的外部造型确定以后必须考虑内部结构的分割与组合，要与外轮廓相匹配，使之相互协调、映衬。例如，一条女裙，确定了A型的造型，在结构上就对裙片进行分割，可以分割成二片、四片、六片及八片，分割越多，裙摆越大，A型轮廓越明显（图3-9）。

服装的内部结构变化有分割、省道、褶裥三种主要形式。

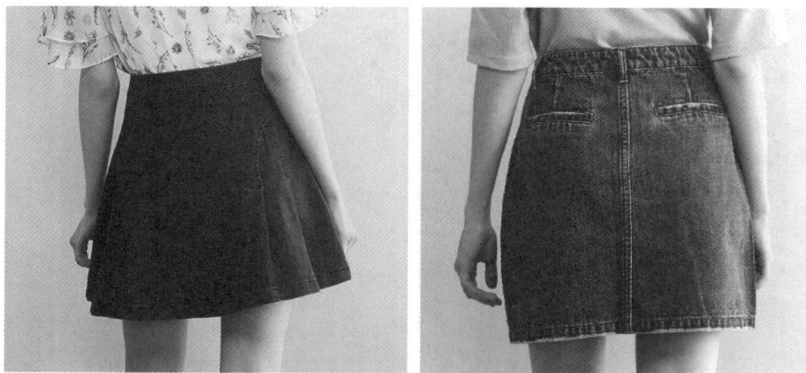

图3-9　A型裙

一、分割

分割是指将一个大块面分成若干个小块面，它是一件衣服的结构需要，也可以是装饰的手段。

（一）分割形式

分割的形式一般有以下四种：

1. 横向分割

用横线将衣片分割视觉有增宽的效果，使人显得丰满，但不是所有的横线都这样，如果横线分割数量较多，反而可以有拉长的视觉效果。例如，一条长裙，有多条密集的横向分割，就会使裙子产生拉长效果。横向分割线的位置也会影响视觉效果。再如，一件连衣裙，分割线在腰节下方则下身显短，在高腰部位分割，下身则显长（图3-10）。

图3-10　横向分割

2. 纵向分割

用竖线将衣片分割，视觉有拉长的效果，使人挺拔，但竖线分割排列一旦增多，会产生增宽、扩张的感觉。例如，一条喇叭裙，纵向分割越多，裙摆则显得越蓬松，越张开（图3-11）。

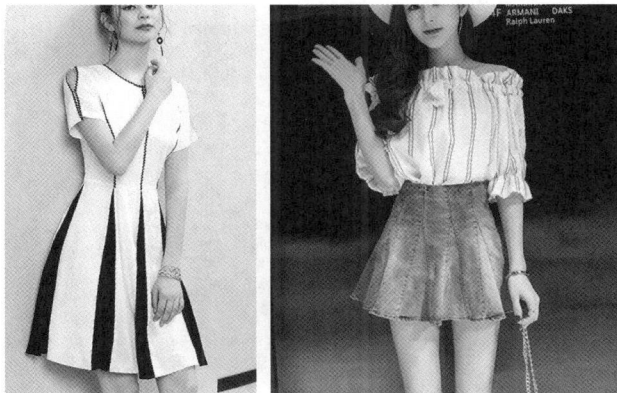

图3-11　纵向分割

3. 斜向分割

斜向分割是指用倾斜的线条将衣片进行分割。斜向分割有三种情况，所产生的效果都不一样。第一种情况，斜线倾向于水平线，分割则增加宽度、减少长度，适合瘦小的身材；第二种情况，斜线倾向于垂直线，由于斜线大于垂直线，分割则增长长度、减少宽度，这适合于身材丰满的人；第三种为45°斜线，视觉上长度变化不大，但有活泼、动感的效果（图3-12）。

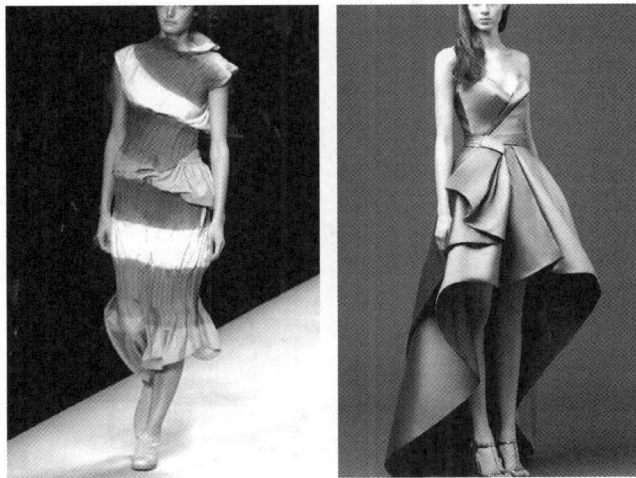

图3-12　斜向分割

4. 曲线分割

用多种形状的曲线分割衣片，可以使服装产生变幻起伏的效果，增强艺术感染力。曲线的分割布局一般根据人体特征和身体曲线的分布进行合理设置。例如，公主线是曲线分割，利用胸部的隆起和腰部的收缩巧妙地将衣片分割，突出女性的曲线美（图3-13）。

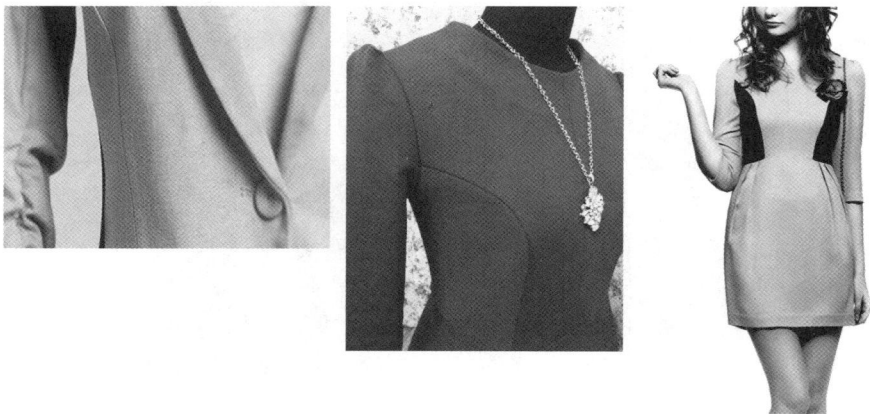

图3-13　曲线分割

（二）分割线种类

分割线可以分为两种，一是结构线，二是装饰线（图3-14）。

1. 结构线

结构线是指服装各衣片之间缝合的线，也是将平面衣料转化为立体服装的连接线，如

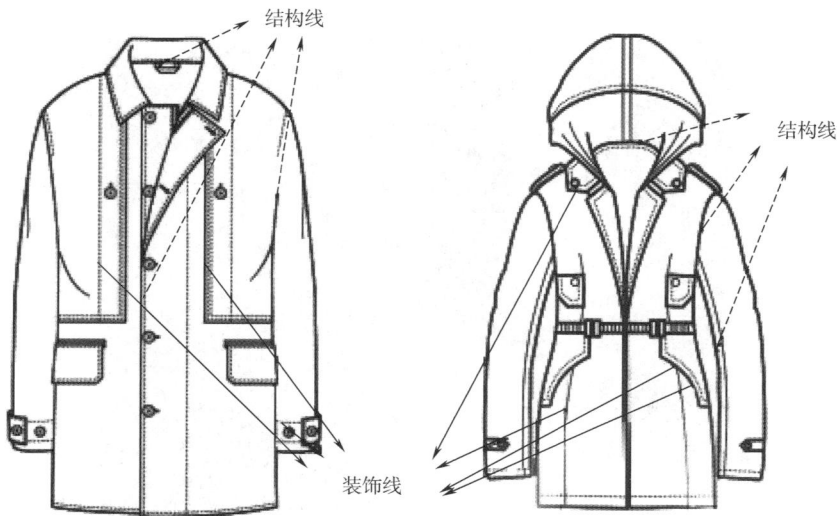

图3-14　分割线的种类

肩缝、袖缝、侧缝、省缝等。结构线的获取有两个步骤。第一步：在人体关键部位测量到净尺寸，如三围、肩宽、衣长、袖长等。第二步：在净尺寸的基础上，根据服装的造型、款式的细节、人体运动的范围等条件进行尺寸的加放，这就是结构制图中的加放量。服装结构线的形成就是根据第二步的尺寸形成的，同时结构线的特征要与体形动态相适应，与外轮廓协调，与服装材料、风格相一致。结构线由直线、斜线、弧线、曲线组成。直线简洁干脆；斜线效果活泼；弧线柔美、优雅；曲线自由、随意。

2. 装饰线

装饰线是指为了丰富款式，对服装内部细节修饰的缝合线。它对服装的结构制作没有影响，但会对服装造型、轮廓、款式内容起着关键作用。设计师完成自己的设计构思不仅仅从造型上把控，更多的则是考虑款式细节的填充，而细节的设计重点就在装饰线的设计与表现。例如，一个合体的女式上衣，除了缩小加放量，更重要的是根据人体的特征进行分割，添加一些装饰线，如公主线、开刀线等。利用这些分割线缩小衣片腰围量，达到收腰合体的效果。

装饰线也有竖向、横向、斜向、曲线四种形式，它们的作用与分割的作用类似。

二、省道

何为省？就是将衣片覆盖于人体之上，为使平面的衣料贴合于人体立体曲线而将多余衣料收进的部分，也称为省道。它的作用是使衣片符合于人体曲线，体现合体性。省道是女装造型设计中重要的技术手段，也是女装设计的灵魂所在。

（一）省的分布

省的分布一般有两种情况。

1. 上装的省道

上装省道以胸高点（BP）为中心，向上、下、左、右各个方向形成放射状，因此就有了肩省、领省、胸省、腋省、腰省，它们的省尖都对着BP点（图3-15），但一般不到BP点。

2. 下装的省道

下装省道以腰节线为起点，向下作延伸状。一般是腰省，西服裙、紧身裙以及各类裤装都会有腰省。腰省可以有2个、4个、6个不等（图3-16）。

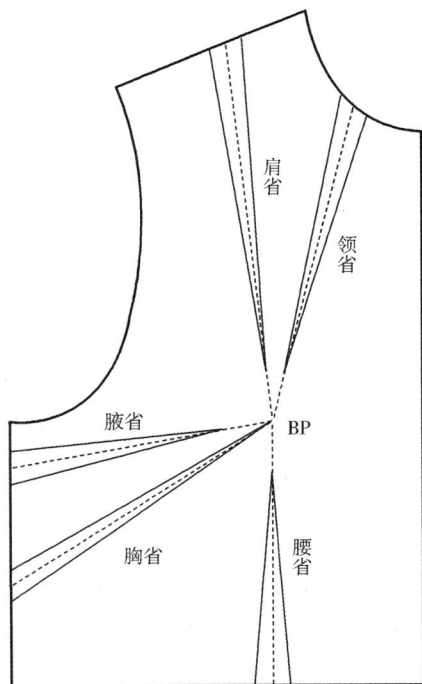

图3-15 上装的省道

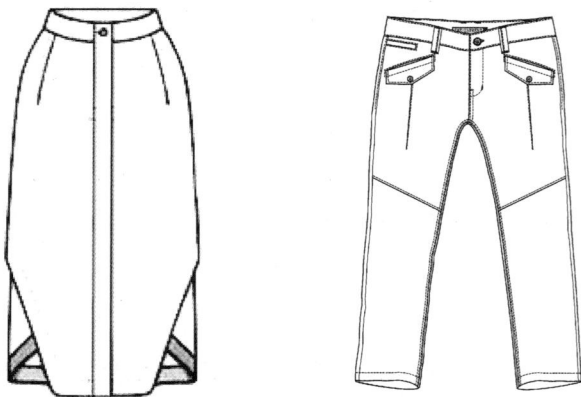

图3-16　下装的省道

（二）省道的设计

1. 省道的形状

省道的形态各异，有三角形、菱形、枣核形、弧形。弧形还包括外弧和内弧，它的形态是根据人体的特征决定的。比如肥胖的人在裤腰上的省道一般是弧形中的内弧形"V"，相反瘦的人一般是外弧形，原因是腰臀差的区别，肥胖的人腰臀差小，内弧形可以贴合裤装的腰臀部，反之同理（图3-17）。

　　三角形省　　　枣核形省　　　菱形省　　　外弧形省　　　内弧形省

图3-17　省道的设计

2. 省道的数量

省道的数量主要是根据服装的造型、款式、结构等因素来确定，造型宽大的服装省道则少，省道的尺寸也小；造型适体的服装省道多，尺寸更加符合身体曲线的变化。

3. 省道的位置

省道是将平面的衣料与立体的人体曲面之间多余面料缝去的部分，所以省道的位置处于人体曲面较大的部位，省尖始终对准人体最凸处，如胸部、臀部、肘部、膝盖处等。这些部位的曲面通过收省使得服装的结构、造型更加贴体、美观，能突出人体的曲线美。在缝合省道时，省尖离最凸点3~4cm，宽度越宽，省道长度越长，当然在设计省道的过程中也要考虑到服装材料、设计款式、造型与其他因素。

（三）省道的转移

省道并不是固定不变的。我们可以将最基本的胸省、肩省转化为其他各个形式的省道。以女上装为例，省道以BP点为圆心，向四周360°放射，胸省可以转移到上衣的其他部位，如腋下、肩部，其中公主线就是一个很好的典型。由此，省道的设计就更加丰富，形式也就多种多样了。

省道转移的方式一般有3种，有量取法、剪开法、旋转法。

1. 量取法（图3-18）

步骤一：在原型纸样上量取胸省的量a。

步骤二：在肩部确定新省位A点，并画好位置。

步骤三：在肩线上量取a，出现B点，连接至BP点，减少省长3~4cm。

步骤四：去除原胸省，转移到新肩省，修整新的前衣片。

2. 剪开法（图3-19）

步骤一：在原型纸样上确定新省道的位置A点，对准BP点。

步骤二：剪开新省道线。

步骤三：合并原胸省的两道省线，同时拉开新剪开的省道线，A点到B点，减少省长3~4cm。

步骤四：连线修整新衣片。

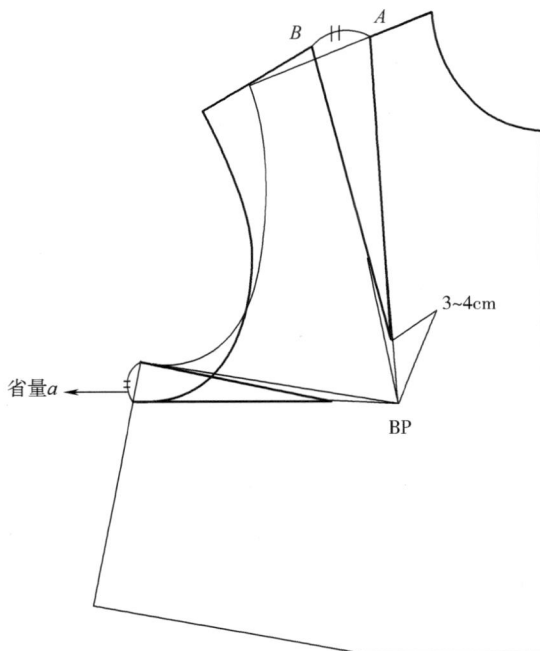

图3-18　量取法

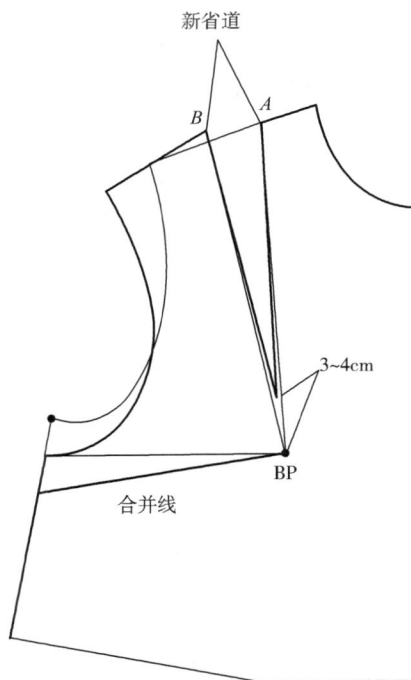

图3-19　剪开法

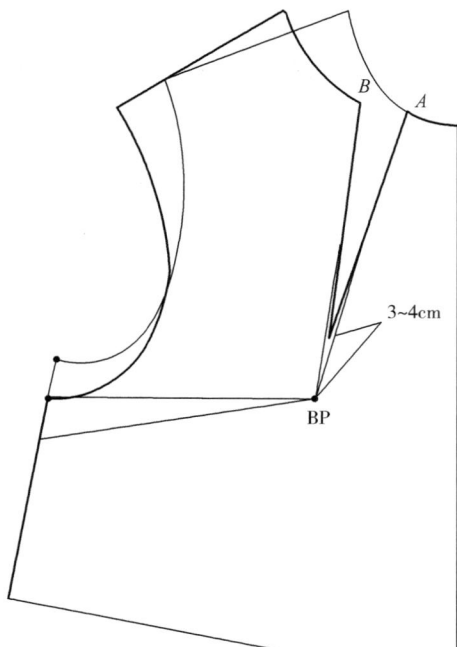

图3-20 旋转法

3. 旋转法（图3-20）

步骤一：在原型纸样上确定新省道位置A点，对准BP点并连接。

步骤二：以BP点为圆心，旋转原型，使原省道线两边重合，新省道线发生变化，A点旋转到B点，连接至BP点，减少省长3~4cm。

步骤三：修整新衣片。

三、褶裥

褶裥是由于造型需要，将衣片聚拢而形成的褶皱。它可以取代省道的作用，同时又有美化的效果。褶裥在服装结构中所体现的是两种不同形式。"褶"是衣料缝合时产生的自然褶皱，有大有小，有疏有密，有长有短，是不规则的。"裥"是经过人为确定好尺寸、方向、长短，并需要熨烫折叠所产生的效果，它是规则的、有秩序的。裥有明裥［图3-21（a）］、暗裥［图3-21（b）］、顺裥、合裥之分。

(a) 明裥　　(b) 暗裥

图3-21 褶裥

褶裥的运用在女装设计中极为重要，它可以修饰形体、装饰局部，并使服装产生强烈的立体层次感和节奏感。在平面裁剪中，常常将凹曲面多余的面料通过收褶的方式突出人体的曲线。例如，灯笼裤在腰部运用了自由的褶，突出了臀部的丰满；泡泡袖产生的褶则是装饰的作用较为突出，它通过碎褶的形式将袖山部位隆起，既符合了人体肩端的体征，更多的则是有着装饰美化作用，使服装具有可爱、活泼、精神的感觉。立体裁剪中褶裥也运用得淋漓尽致，如可以运用褶裥，省去许多省道和分割的设计，从而保持面料的完整性，它可以随着人体的曲面变化确定褶裥量的大小，也可以根据款式的需要，设计出静态和动态两种不同的状态。例如，百褶裙，静止状态它是普通的A字轮廓，行走的状态时，里面的裥会随着腿的运动而展开，加大了运动的空间，产生灵动、飞跃而变幻的形态（图3-22）。

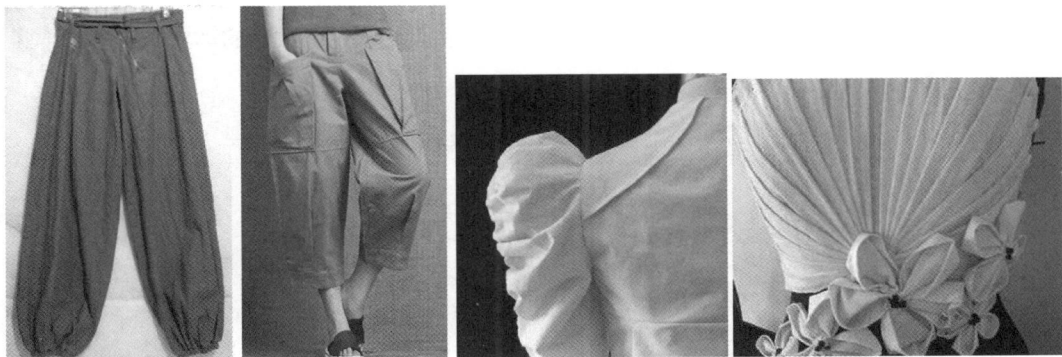

图3-22　褶裥的运用

在服装设计中，面料的不同特性所产生褶裥的效果也不尽相同。悬垂性较好的面料产生的褶裥效果是自然、柔和而飘逸，适合于礼服、连衣裙等褶的设计。刚柔性较强的面料产生的褶裥效果是宽松、硬挺而干练，适合于职业装、风衣等的设计（图3-23）。

图3-23　不同面料的褶裥效果

总之，服装的褶裥运用手法丰富多样，不论是外观造型，还是内部结构，都离不开褶裥的设计，它具有唯美的装饰和造型塑造作用，随着服装设计的不断演变，褶裥将会更好地发挥其优势，给人以更加强烈的视觉冲击力。

思考与练习

1. 造型的含义是什么？

2. 什么是外空间？什么是内空间？

3. 裙子造型的练习。在16开纸上运用几种不同造型画出不同款式的裙子，每款造型4个款式。

4. 裤子造型的练习。在16开纸上运用几种不同造型画出不同款式的裤子，每款造型4个款式。

5. 分割设计练习。利用四种分割表现形式，各设计一款连衣裙，要求画在8开纸上，可以只画服装不画人体。

6. 什么是结构线？结构线的获取有哪些步骤？

7. 什么是装饰线？

8. 什么是省？它的作用是什么？

9. 省道转移的方式有哪些？

10. 什么是褶裥？它的作用是什么？

11. 褶与裥的区别是什么？

项目四　服装局部部件设计

　　服装的造型设计既是廓型的设计又是款式的设计。款式设计的主要内容就是服装局部部件的变化，局部部件关系到服装整体造型的形成，它的风格、款式、色彩、大小、位置、形状都必须与整体造型协调，从而达到衬托造型、完善造型的作用。一般在服装中的局部是指衣领、门襟、下摆、衣袖、衣袋等。

主题一　衣领的造型设计

　　衣领在服装设计里占有关键位置，人的视线首先接触到它，在整件造型中也有决定作用。

　　衣领的款式有很多，下面以最基本的几款为例。

一、无领

1. 概念

　　无领是一种只有领圈没有领座、领面的领型。它的形态有很多种，如一字领、圆形领、V形领、方形领、心形领等，这是根据服装的整体风格、情调、造型进行领型的设计。一般情况下圆脸的人选择长方形领，可以造成视觉的统一，感觉圆脸被拉长；颈部短的人选择V形领，拉长颈部与衣身的距离，感觉拉长了颈部。所以，不同特征的脸型选择合适的领型尤为重要（图4-1）。

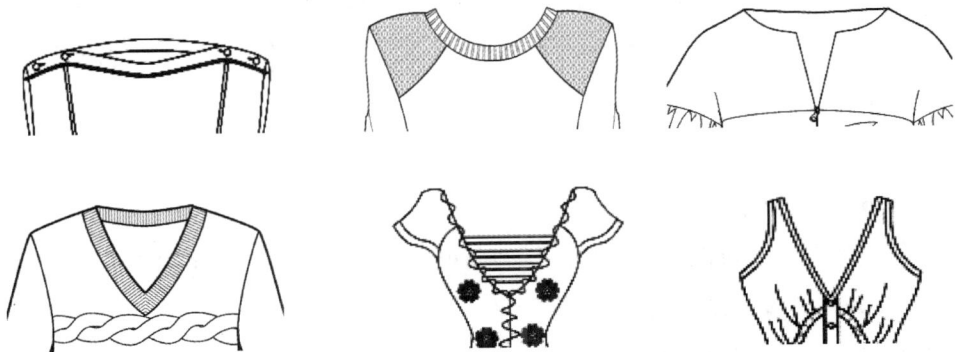

图4-1

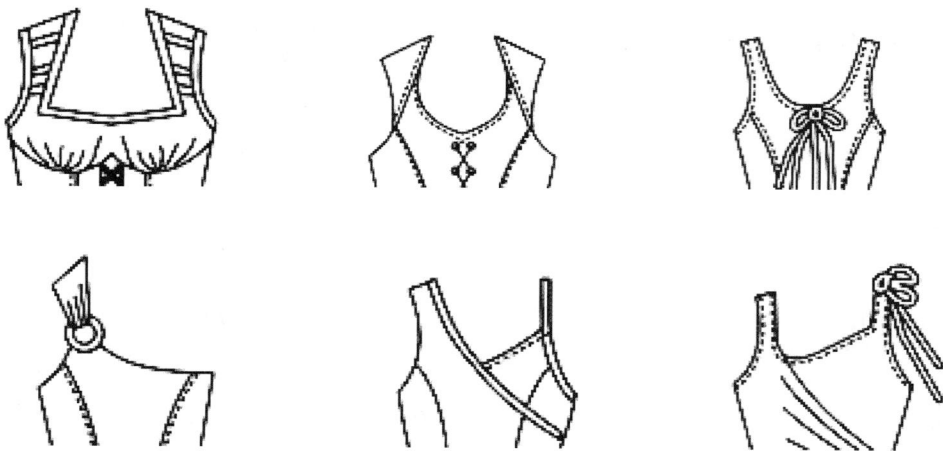

图4-1 无领的造型

2.无领的设计要点

（1）领口变化：有领深、领宽、领型的变化。

（2）开口的方式：门襟中开式、侧开式（肩缝）、后中开式等，可以是纽扣、拉链、系带等。

（3）装饰的方法：有滚边、绣花、镂空、荷叶边、镶色等。

二、立领

1.概念

立领是指只有领座没有领面的领型。它给人严谨、端庄、典雅的效果。立领在我国清代最具有代表性，所以在服装设计中使用立领代表中国特色的比比皆是。例如，旗袍、中山装、中式服装等（图4-2）。

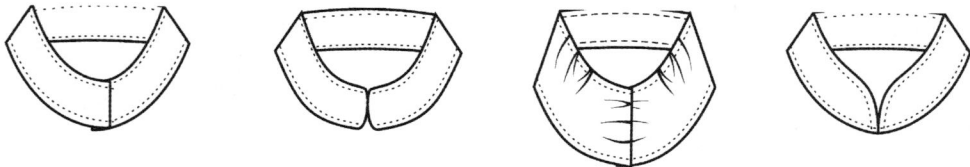

图4-2 立领的造型

2.立领的设计要点

（1）领座的变化：可以加宽、加高，领角可以为圆形、方形，可以重叠、装饰等；领座可以与领圈分开，也可以与领圈连成一片。

（2）开口方式：前门襟中开式、侧开式（肩缝）、后中开式，可以是纽扣、搭襻、拉链、系带等。

（3）装饰的方法：盘扣、滚边、镶色、绣花等。

三、翻领

1.概念

翻领是指领面向下翻折的领型，也可以没有领座。前者称立翻领，如中山装；后者称平翻领，如海军服。

2.翻领的设计要点

（1）领座的变化：领座可有可无，领座的高低可以调节。

（2）领面的形状：可以分为圆形、方形、菱形、椭圆形、不规则型等，主要是指领角的形状。也可以分为波浪型、燕尾型、蝴蝶型等，主要是指领面的形状（图4-3）。

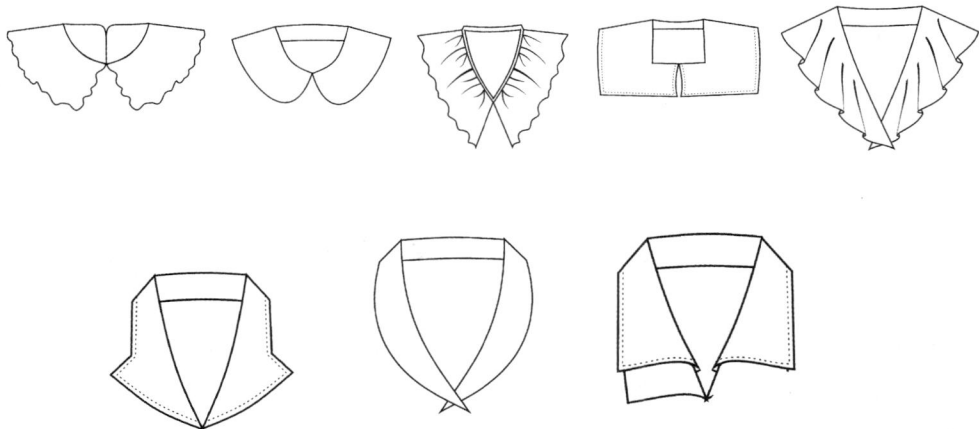

图4-3　翻领的造型

四、驳领

1.概念

驳领是指衣领与驳头相连的领型，驳领有驳头和领面两部分，驳头就是前衣片门襟与领圈相连的部分，需要翻折下来。衣领包括领座和领面，可以翻折。如西服、女式上衣、大衣等。

2.驳领的设计要点（图4-4）

（1）领面的设计：形状可以是圆形、方形、角形等。

（2）驳头的变化：有平驳头、枪驳头、圆驳头等，驳头的长短也可以变化。

（3）门襟处的变化：有双排扣、单排扣等。

图4-4　驳领的造型

主题二　衣袖的造型设计

　　衣袖是上装中最为符合人体特征和人体运动变化的部分，衣袖在设计中不仅要与外部造型相一致，更要考虑到手臂活动范围的需要，从而取得服装的整体协调。

　　衣袖按长短分，有长袖、七分袖、中袖、短袖、无袖。按内部结构分，有一片袖、两片袖。按造型分，有无袖、装袖、连衣袖、插肩袖等（图4-5）。

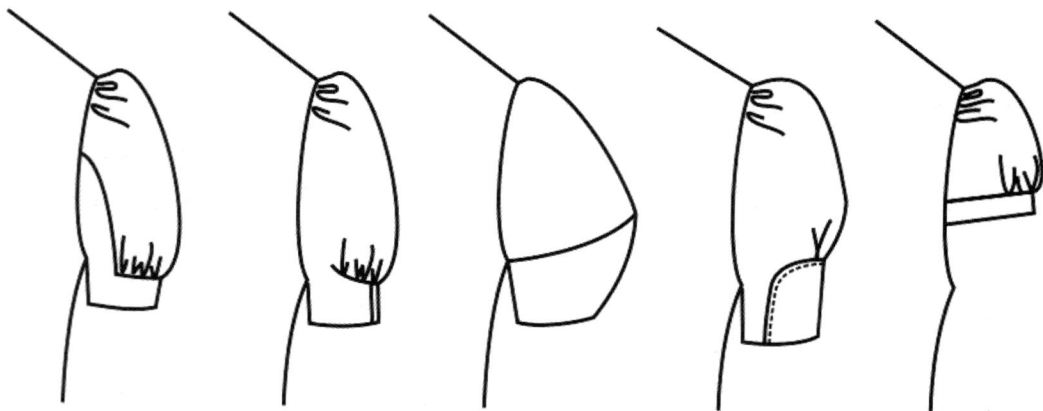

图4-5　衣袖的造型

一、无袖

1. 概念

无袖是指只有袖窿没有袖片的袖型，又称肩袖。由于没有袖片只有袖窿，所以袖窿的设计尤为重要。它具有活泼、灵活的效果。适合于手臂较瘦的人。对于肩厚、臂粗的人来说，小连袖更为合适。无袖设计如连衣裙、背心、马甲等（图4-6）。

图4-6　无袖的造型设计

2. 设计要点

（1）袖窿的变化：袖窿的变化包括形态深浅变化，肩部的宽窄变化。

（2）装饰的变化：可以有滚边、加荷叶边、绣花、贴边、拼缀等。

二、装袖

1. 概念

装袖是指袖窿和袖片缝合的袖型，有明显而适体的肩部造型和袖窿弧线。它具有端庄、适体、立体感强的效果，一般用于女上装、西服、职业装、制服等（图4-7）。

图4-7　装袖的造型设计

2. 设计要点

（1）肩部的变化：在宽窄上变化。

（2）形态的变化：有平袖、圆袖、泡泡袖、灯笼袖、郁金香袖等。

（3）袖长的变化：有长袖、中袖、短袖等。

（4）装饰的变化：主要在袖山、袖口的装饰，有绣花、镶边、镶色加花边，袖口还可以通过开衩的方式和开衩的长短等添加装饰。

三、连衣袖

1. 概念

连衣袖是指衣片和袖片连成一片，没有袖窿线缝合的袖型，它是旗袍的典型代表，具有淳朴、自然、含蓄的特点。连衣袖在中式服装、民族服装中使用较多（图4-8）。

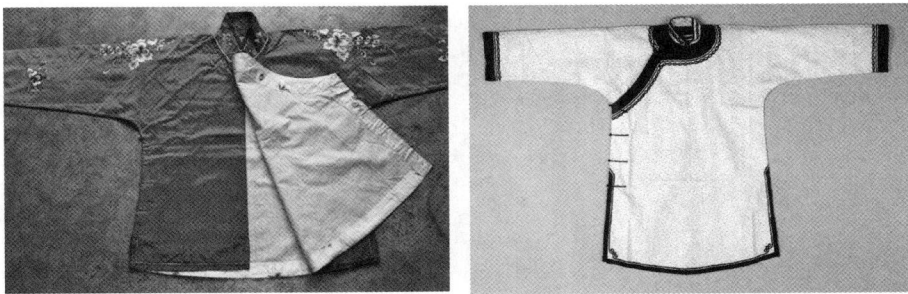

图4-8 连衣袖的造型设计

2. 设计要点

（1）袖肥的变化：可以根据服装的造型改变袖肥的大小，以产生不同的风格，具有新鲜感。

（2）长短的变化：有长袖、中袖、短袖。

（3）袖口的装饰变化：可以是有袖克夫、也可以是无袖克夫；可以是有开衩、也可以是无开衩；可以滚边、贴边、绣花、镶边等。

四、插肩袖

1. 概念

插肩袖是指袖子的上端插入肩部并与衣身斜向相连的袖型。袖片的袖山弧线由一部分领圈和衣片与袖片的分割线组成，具有宽松、舒适、流畅的特点。插肩袖一般用于校服、运动服、风衣、外套等（图4-9）。

2. 设计要点

（1）插肩角度的变化：可以变化多种角度，从而决定了领圈部分的长短。

（2）插肩结构变化：前片插肩，后片可以不插肩；可以前后袖都插肩；可以一片袖，也可以两片袖。

图4-9

图4-9 插肩袖的造型设计

主题三 衣袋的造型设计

衣袋是服装的造型部件之一，具有实用功能和装饰功能。丰富的设计空间，可使服装造型更饱满，形象更加丰富，更具有立体感。衣袋有三种基本类型，即贴袋、挖袋、插袋。

一、贴袋

1. 概念

贴袋又称明袋，是指衣袋外露在衣身之上，并与衣身贴缝的袋型。它有平面贴袋和立体贴袋之分（图4-10）。平面贴袋是将袋面与衣身直接缝合，衣袋的四周没有空间。立体贴袋则是在袋面与衣身之间有一定的空间，更具有立体感。如童装、牛仔装、猎装、中山装等多用立体贴袋。

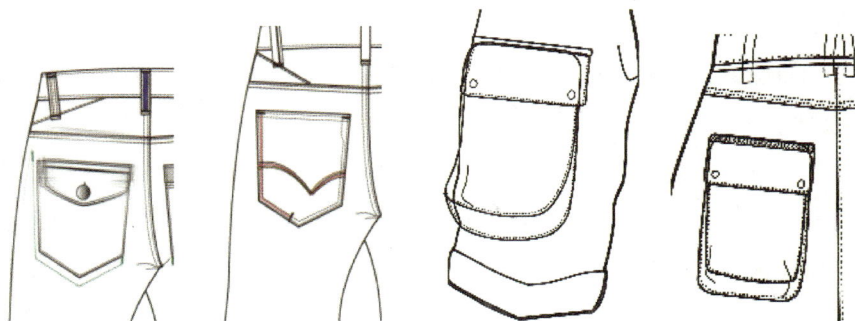

图4-10　平面和立体贴袋的造型设计

2.设计要点

（1）衣袋形状的变化：有方形、圆形、多边形等；可以是动物的形状、植物的形状以及抽象的图形；设计形状的同时需要考虑到与衣领、衣袖以及整体服装的风格、造型，并与之协调一致。

（2）衣袋的结构：可以有袋盖、无袋盖；可以用直线、斜线、弧线分割各种块面；可以重叠、组合，甚至可以在贴袋上加上明裥、暗裥等。

（3）衣袋的装饰：可以在袋盖或袋面上运用多种装饰手法，如缉明线、拼镶、绣花、搭袢、装拉链、钉珠片等。

二、挖袋

1.概念

挖袋又称暗袋，是指通过剪开衣片形成袋口，袋布放在衣片里层的袋型。它具有含蓄、端庄、严谨的特点。如一字嵌线袋、双嵌线袋，在西服、西裤、夹克衫中使用较多（图4-11）。

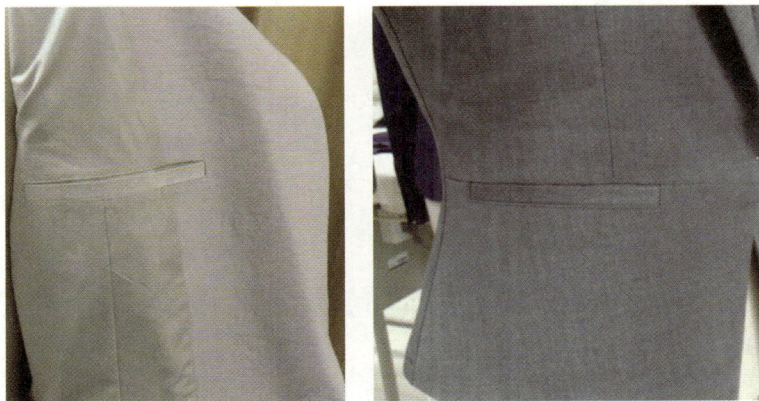

图4-11　挖袋的造型设计

2.设计要点

（1）袋口的位置：一般设计在手能够轻松伸入的位置，方便取放物品，因此，挖袋可放在胸部、腰部、臀部。

（2）袋口的形状：袋口可以是直线、斜线、曲线、折线；袋口可以有袋盖，也可以无袋盖；袋盖的外形也可以根据衣领、衣身的造型变化多样；嵌线宽度可以根据设计加宽或变窄。

（3）装饰变化：可在袋盖上加入各种形式的明迹线；可以绣花、拼镶；袋口也可以装拉链、搭襻、纽扣等。

三、插袋

1.概念

插袋又称借缝袋，是指利用衣缝将袋布藏在里面，衣缝处留有袋口的袋型，衣缝可以是侧缝、分割缝、装饰缝等。插袋具有隐蔽、协调、整体的特点。一般用于风衣、西裤、外套等（图4-12）。

图4-12　插袋的造型设计

2.设计要点

（1）袋口的变化：可以是直线、斜线，也可以是弧线；可以有嵌线，也可以无嵌线；可以有袋盖，也可以无袋盖。

（2）装饰变化：可以在袋口加搭襻、拉链、纽扣；可以在袋盖上绣花、滚边、拼镶等。

主题四　其他局部部件设计

其他局部部件主要是指门襟、下摆和纽扣等，它们在服装设计中也有着举足轻重的作用。

一、门襟的设计

门襟处于前衣身的显眼位置，很容易吸引消费者的眼球。有时门襟的设计能成为整件服装的亮点。

门襟有对称和不对称之分。对称式门襟指门襟在前中线上，以前中心线为对称轴，前片衣身左右对称，具有稳定、安静、平衡的特点，它在现代服装设计中很普遍（图4-13）。

图4-13　对称门襟的造型设计

不对称门襟是指门襟偏离前中心线，左右衣片产生不对称效果，具有活泼、生动、均衡的特点，多用于中式服装、旗袍等（图4-14）。

图4-14　不对称门襟的造型设计

门襟的设计无论对称还是不对称，都遵循形式美的法则，在设计的过程中，首先考虑到穿着是否方便、合理，然后进行合理的布局，与服装的整体协调一致，最后其造型与衣领、衣身、衣袖等要相互衬托、呼应，从而产生和谐统一的美感。

二、纽扣的设计

纽扣在这里不仅仅是扣眼形式，还包括系带、搭襻、拉链等扣合形式。它是固定和开启服装的重要部件，既有功能性，又有装饰性。

纽扣的设计部位主要有以下三种：

1. 前衣片

前衣片的纽扣设计最为重要，它体现服装的风格，平衡衣片的布局，衬托服装的造型。纽扣的形状、材质、大小、位置、数量、色彩等都体现整体服装的风格、情调（图4-15）。

图4-15　纽扣的设计

2. 后衣片

后衣片的纽扣设计别具匠心，能够将女性优美柔和的肩背部淋漓尽致地表现出来，一般用于晚礼服或女式衬衫（图4-16）。

3. 侧缝

侧缝处的纽扣设计主要以隐形拉链、搭襻较为常见，具有端庄、整体的效果（图4-17）。

图4-16　后衣片纽扣的设计

图4-17　侧缝造型设计

三、下摆的设计

　　下摆就是底边，它的造型直观地体现服装风格。如A型、X型的下摆是张开的；H型的下摆是直身的；T型的下摆是略收的。形状可以是直线型、弧线型、波浪形；可以左右对称，也可以不对称；下摆可以放开、收束、系带；装饰的手法有滚边、拼镶，如荷叶边、重叠波浪、花卉外形等（图4-18）。

图4-18　下摆的设计

思考与练习

　　1. 衣领的设计练习。按照不同款型的衣领构造形式，设计各种领型。要求：黑白稿；8开纸；可以将衣身画上，以增强表现力。

　　2. 衣袋的设计练习。按照不同款型的衣袋构造形式，设计各种袋型。要求：黑白稿；8开纸；可以将衣身画上，以增强表现力。

　　3. 衣袖的设计练习。按照不同款型的衣袖构造形式，设计各种袖型。要求：黑白稿；8开纸；可以将衣身画上，以增强表现力。

　　4. 门襟的设计练习。按照不同款型的门襟构造形式，设计各种门襟。要求：黑白稿；8开纸；可以将衣身画上，以增强表现力。

　　5. 下摆的设计练习。按照不同款型的下摆构造形式，设计各种下摆。要求：黑白稿；8开纸；可以将衣身画上，以增强表现力。

项目五　服装色彩与面料设计

主题一　服装色彩设计

一、服装色彩的基础知识

色彩是服装构成的三大要素之一，它是物质和精神集中的体现。任何一种颜色都会有一种情感的表现，这种情感表现在服装上，会使服装具有生命力，成为一件艺术品。因此，服装色彩的设计根源始于对色彩的理解和对色彩的感性迸发。

（一）色彩

何为色彩？色彩是指颜料的光彩，它是指物体通过光线的照射，反射到眼睛里的视觉感受。色彩由三种条件形成：一是物体，二是光线，三是眼睛，三者缺一不可。

在自然界中不是所有的颜色都是彩色的，它分为无彩色系和有彩色系。无彩色系是指黑色、白色及黑白色调和的所有灰色（图5-1）。它只有一种性质——亮度高低的变化。有彩色系是指色相环上的所有颜色（图5-2）。它有三种特性，即色相、纯度、明度，同时这三种特性又是色彩的三要素。

图5-1　无彩色系　　　　　　　　　　图5-2　有彩色系

（二）色彩三要素

1.色相

色相是颜色的相貌。如红色、绿色、黄色的相貌，称之为色相。

2. 纯度

纯度是色彩纯净的程度。如黄色，它不调和任何颜色时纯度最高，加入其他颜色时纯度降低，加入其他颜色越多，纯度就越低。

3. 明度

明度是色彩的明暗程度。如紫色加白色，明度会提高；加黑色，明度会降低。白色越多，明度越高；黑色越多，明度越低。

色彩三要素

色相	明度	纯度
红	4	14
黄橙	6	12
黄	8	12
黄绿	7	10
绿	5	8
蓝绿	5	6
蓝	4	8
蓝紫	3	12
紫	4	12

上表的数字是色相、纯度、明度等三要素之间的关系。其中，明度最高的是黄色，最低的蓝紫色；纯度最高的是红色，最低的是蓝绿色。

二、服装配色的原则

色彩是服装设计的灵魂，也是设计师情感表达的重要途径和方法，不同的色彩带给人的感受是不同的。比如红色，可以让人热血沸腾；蓝色，可以让人冷静沉着；紫色给人神秘、浪漫的气息。因此，不同色彩在服装搭配中会产生不同效果。和谐的搭配效果给人以舒适、愉悦的心情。不和谐的搭配效果给人以紧张、别扭的情绪。那么，服装配色的原则就是我们所要掌握的知识（图5-3）。

服装配色的原则就是色彩搭配的和谐感。和谐感来源于色彩的对比和色彩的调和。所谓对比，是指两种或两种以上的色彩，在搭配中产生的差异。例如，红色和黄色，蓝色和绿色。红色、黄色、蓝色它们搭配在一起存在着色相、明度、纯度、冷暖上的差异，也就是对比（图5-4）。

所谓色彩的调和就是色彩统一、协调，是指两种或两种以上的色彩协调地搭配在一

起，是和谐的，具有使人愉悦的美感。例如，粉红色和紫色、蓝色与白色以及各种色相的
渐变色搭配等。

图5-3　红色、蓝色和紫色服装设计

图5-4　色彩对比搭配

（一）服装色彩的对比

色彩的对比形式有：色相对比、明度对比、纯度对比、冷暖对比。

1. 色相对比

色相对比是指在色相环上的任意两种颜色的对比。由于色彩的差异有大有小，我们又
把色彩在色相环上的具体位置进行了分类。

（1）同种色对比：同种色是指两种颜色在色相环上相距0°的色彩。例如，绿色与深绿色的对比，它们在色相环上是同一种色彩，所以是0°，只是在明度上有了深浅的变化，所以搭配起来具有协调、统一的感觉（图5-5）。

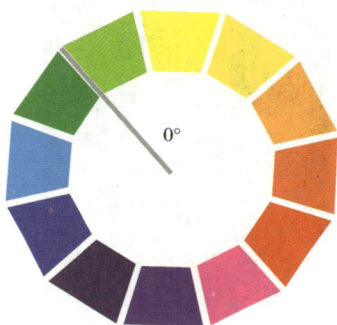

图5-5　同种色对比

（2）邻近色对比：邻近色是指两种颜色在色相环上相距30°左右的色彩。如蓝色和绿色，红色和黄色等。搭配之后具有柔和、稳定的效果，在明度、纯度上进行变化可以增加搭配效果（图5-6）。

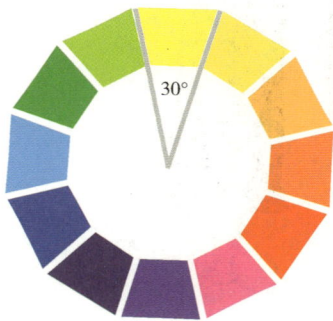

图5-6　邻近色对比

（3）类似色对比：类似色是指两种颜色在色相环上相距60°左右的色彩。如红色与紫色，黄色和绿色。这种对比具有丰富、饱满、不单调的特点。同样要注意明度、纯度的变化，否则会显得呆板、单调（图5-7）。

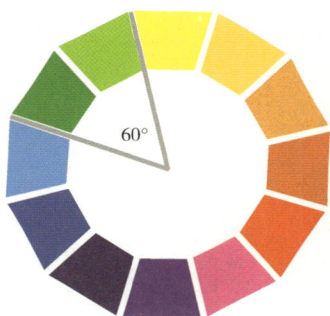

图5-7　类似色对比

（4）对比色对比：对比色是指两种颜色在色相环上相距120°左右的色彩。如红与蓝，黄与紫等。对比色具有跳跃、热情的效果，但同时也要注意搭配时在面积、数量上的有所调整，否则容易出现生硬、不安的情绪（图5-8）。

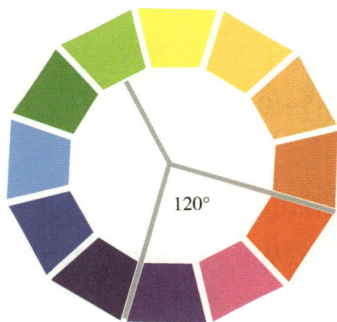

图5-8　对比色对比

2. 明度对比

所有的颜色（包含无彩色系和有彩色系）中明度最高的是白色，明度最低的是黑色。一种颜色加入白色明度则增高，随着加量的增加，明度会越来越高；加入黑色则明度降低，加量越多，明度会越来越低。

明度对比，是指色相环上色彩深浅差异的对比。在色相环上，我们将所有的颜色都归为黑、白、灰三种色调。如粉红、柠檬黄，明度一般归为白色；普蓝、墨绿，明度归为黑色；其余的归为灰色。由此，明度对比的关系其实可以理解为黑、白、灰的对比关系。

黑色到白色之间有许多灰色调，我们将黑、白、灰分为三个阶梯九个层次，设定白色为1号，黑色则为9号。1~3号为高明度，具有明亮轻快的感觉；4~6号为中明度，具有稳重柔和的感觉；7~9号为低明度，具有浑浊低调的感觉（图5-9）。

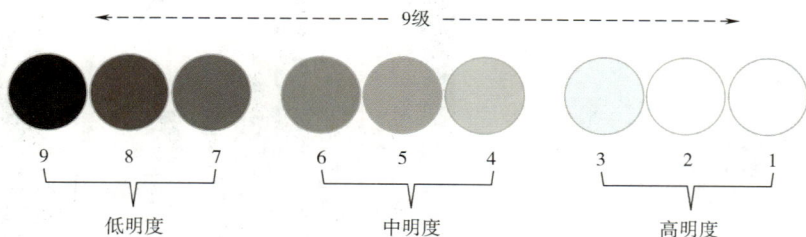

图5-9　黑白明度对比

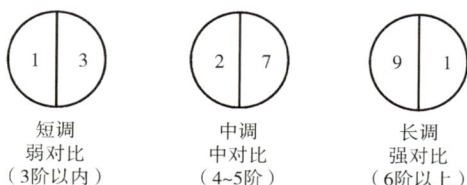

图5-10　弱、中、强对比

在整体服装色彩搭配中，明度对比在3阶以内，则是弱对比，也称短调。例如，1号白色和3号黑色的对比之间相差是2，那么就是短调；明度对比在4~5阶的称中对比，也称中调，如2号灰色与7号灰色的对比，相差5个阶梯，则是中调；明度对比在6个阶梯以上的是强对比，也称长调，如1号白色和9号灰色，相差8个阶梯，则是长调（图5-10）。

3. 纯度对比

纯度对比是指色相环上色彩纯净程度的对比，包括强对比、中对比和弱对比。

（1）纯度强对比：是两种纯度都较高的色彩对比。一般从颜料盒中直接取用的色彩纯度最高，强对比会产生强烈、刺激、生硬的效果，也是初学者经常使用的对比。例如，大红与普蓝、柠檬黄与深绿等（图5-11）。

（2）纯度中对比：是两种纯度都中等的色彩对比。具有较强的协调、统一感觉。例如，橄榄绿与褐色，土黄与绿灰等（图5-12）。

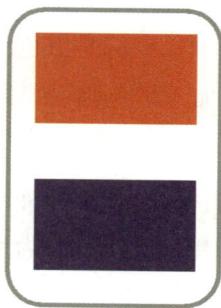

图5-11　纯度强对比

图5-12　纯度中对比

（3）纯度弱对比：是两种纯度都较低的色彩对比。由于纯度较低，两者搭配会产生含糊不清、沉闷的效果。例如，蓝灰色与绿灰色，黑色与深蓝色等（图5-13）。

各个色相的纯度，可以通过以下几种方法加以降低，同时改变明度。

①加白色，纯度降低，明度增高。

②加黑色，纯度降低，明度降低。

③加灰色，纯度降低，明度变化不大。

④加互补色，纯度降低，明度变化不大，但色彩丰满充实了。

图5-13　纯度弱对比

4. 冷暖对比

冷暖对比是指色彩的色性形成的冷暖差异的对比。色性是指色彩的冷暖性质。色相环中红、黄、橙属暖色调，蓝、绿、紫属冷色调。在服装色彩的搭配中，一般是暖色调与暖色调搭配，冷色调与冷色调搭配，有时暖色调与冷色调也进行搭配，但在面积上有所差异，面积小的色调只是起到点缀的作用。

某一色相的冷暖同时还受明度、纯度的影响。例如，绿色这一个色相中，浅绿到深绿有多种明度层次，不同明度的绿色也就有了冷暖之分，浅色绿暖一些，深色绿则冷一些。再加紫色或者红色则呈暖性，加入绿色则呈冷性，所以说每个色相的冷暖既要与其他色相比较，也要与同一色系比较，由此，就产生了各种丰富而微妙的变化（图5-14）。

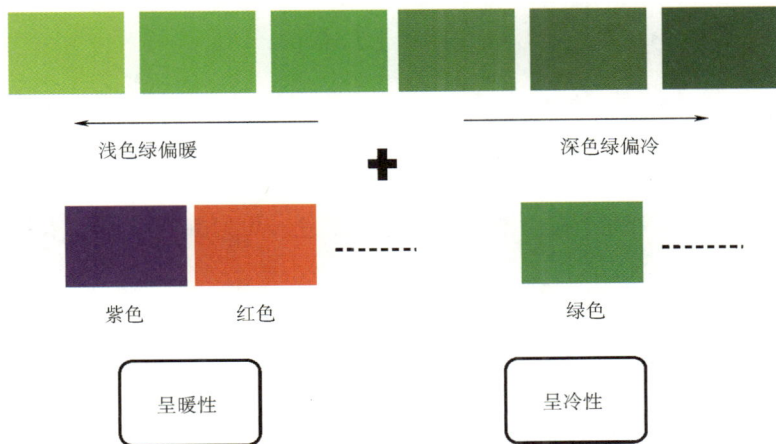

图5-14　色相的冷暖变化

（二）服装色彩的调和

在服装色彩搭配的过程，会出现色彩对比过于强烈或者色彩对比过于接近的情况，此时，我们就应该对色彩进行调和，使之更加和谐、协调。针对以上的情况，一般有两种调和方式：一是对比调和；二是类似调和。

1. 对比调和

对比调和是指在色彩搭配中，两者过于对立，产生生硬、刺激的感觉时，会降低一方的明度或纯度，从而降低色彩对比的强度。例如，红色和绿色，在红色中加入灰色或蓝色，降低明度、纯度，变成红灰色（图5-15）。

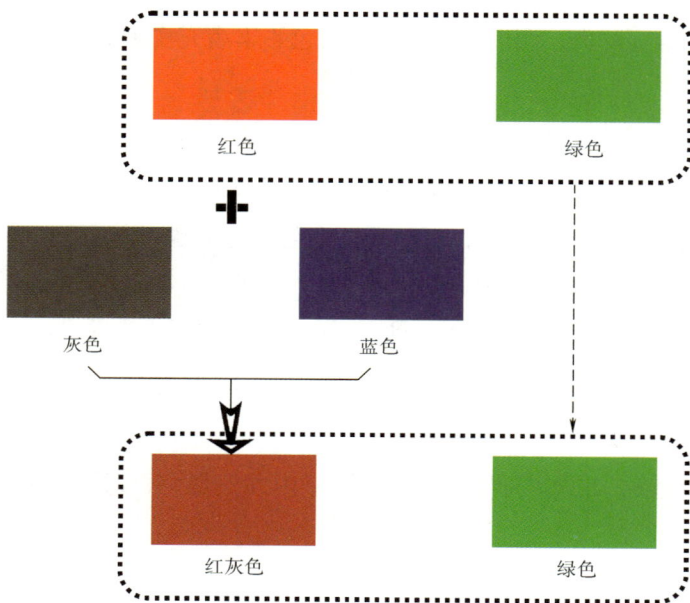

红色　　　　　　绿色

＋

灰色　　　　　　蓝色

红灰色　　　　　绿色

图5-15　对比调和

2. 类似调和

类似调和是指在色彩搭配时，两者过于接近，产生含糊不清、单调的感觉时，调整一方的明度、纯度，或提高或降低。例如，黄色和橙色，可以在黄色中加入褐色或白色，提高或降低明度、纯度（图5-16）。

三、服装配色的规律

在市场上我们可以看到形形色色的服装，色彩可谓五彩缤纷，但实际上，这些服装色彩的搭配是具有一定规律的，而不是随意而为之，掌握配色规律对于学习色彩搭配会有很大的帮助。

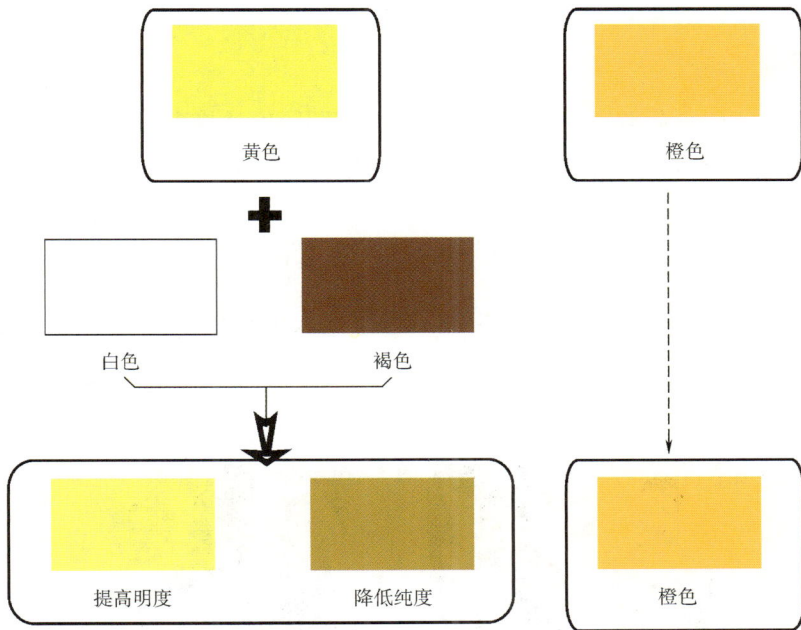

黄色

橙色

白色　　　　　　褐色

提高明度　　　　降低纯度

橙色

图5-16　类似调和

服装配色的规律归纳为以下三种形式：

（一）同类色搭配

同类色搭配是指同一色相的颜色，只是深浅不同的色彩搭配方法。例如，蓝色与深蓝，紫色与深紫。因此，在同类色搭配时，我们一般将同一色相分为深、中、浅三个层次，这样就会使整体的效果轻快、明亮，而又统一（图5-17）。

图5-17　同类色搭配

（二）对比色搭配

对比色搭配是指所有不同色相、不同纯度、不同明度的搭配方法。它不同于色相环上的相差的120°的对比色。如红色与橙色、蓝色与紫色、绿色与红色等。对比色搭配有丰富、厚实、活跃的特点。

1. 色彩强对比

色彩强对比是指在色相、明度、纯度上差异很大的对比，具有鲜明、刺激、显眼的效果。如红色配绿色，黄色配紫色。由于色彩搭配过于鲜艳，一般用于演出服、民族服装（图5-18）。

图5-18 色彩强对比的服装

2. 色彩中对比

色彩中对比是指在色相、明度、纯度上中等差异的色彩搭配，具有充实、丰富而变换的效果（图5-19）。

图5-19 色彩中对比的服装

3. 色彩弱对比

色彩弱对比是指在色相、明度、纯度差异不大的对比，具有温和、雅致和自然的效果（图5-20）。

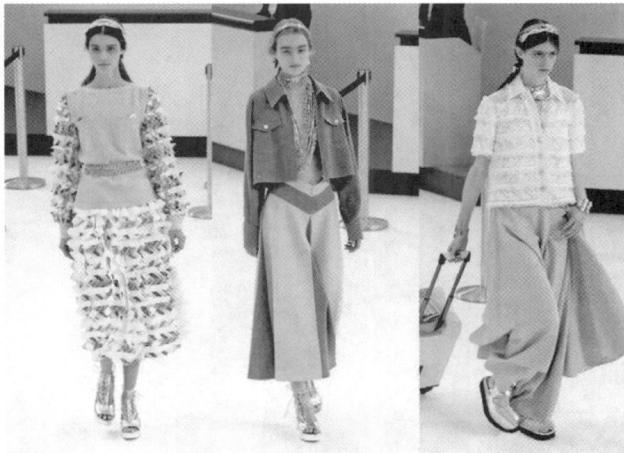

图5-20　色彩弱对比的服装

（三）黑白灰搭配

黑白灰搭配是指各种彩色与黑色、白色或灰色的色彩搭配。黑白灰是无彩色系，属于中性色，具有沉稳、大方的特点，所有的彩色与黑白灰搭配可以调和色彩之间明度、纯度的对比，使其整体具有协调、稳定的效果。

1. 彩色与黑色搭配

黑色效果沉闷，在与彩色进行搭配时，彩色要鲜艳，形成一种鲜明的对比，从而产生明亮、鲜艳又不失稳定的效果（图5-21）。

图5-21　彩色与黑色搭配

2. 彩色与白色搭配

白色是明度最高的色彩，其他彩色与之搭配时，注意明度不能过低，否则会产生反差过大、搭配不协调的感觉（图5-22）。

图5-22 彩色与白色搭配

3. 彩色与灰色搭配

灰色是纯度低的色彩，彩色与之搭配时，纯度不能过低，选择纯度中等或高一些的色彩，搭配起来效果更佳，具有轻快、鲜明、纯正效果（图5-23）。

图5-23 彩色与灰色搭配

四、服装配色的一般过程

在整体服装的配色中有三个基本的色块，一是主色块，二是搭配色，三是点缀色。主色块是指在服装整体占主导地位的色彩，面积最大，使用最多，它的色调决定了服装的风格、情调，与主题紧密贴合。搭配色是指在服装色彩搭配中具有辅助作用的色彩，它的面积比主色小，可以是一个色块，也可以是几个或多个色块，基本是一种色彩。点缀色是指在服装色彩搭配中有着点缀和调节作用的色彩，它的面积最小，可以是服装上的色块，也可以是服饰品上的色彩。

主色、搭配色、点缀色是服装色彩搭配的三个条件。服装配色的过程一般是先确定主色，再选择搭配色，最后再根据主色与搭配色的关系选择点缀色。选择主色需要根据设计师所确定的主题、情调、风格而定。例如，主题是春色，那么主色则选择绿色、黄色、粉色等色调明亮、清新的色彩；再如，主题是田园风格，则选择自然界的植物色彩，朴实的白色、褐色等作为主色，面料也会以棉麻为主（图5-24）。主色确定之后其实也是定了一个色彩的基调，根据这一方向进行搭配色的选择。如果表现的情调是柔美、自然的，搭配色要与主色色调相类似；如果表现的情调是狂热、热烈的，搭配色则与主色色调对比较大，从而产生强烈的反差。

图5-24　主题色搭配的服装

点缀色的选择是在主色与搭配色的关系中加以寻找的，有平衡、调节作用。如果主色与搭配色过于接近，产生模糊、含糊的效果，这时就要加入点缀色加以调和。例如，主色是深绿色，搭配色是绿灰色，点缀色则要选择柠檬黄或翠绿色。如果主色与搭配色过于疏远，产生对比生硬、刺激的效果，这时点缀色则要加以稳定。例如，主色是大红色，搭配色是绿色，点缀色则可以选择黑色或深灰色（图5-25）。

图5-25　点缀色的运用

当然，在具体的服装色彩搭配中，我们可以将搭配色和点缀色选择其一进行搭配。如果一套服装中，外套颜色是主色的话，衬衣面积大，与主色调接近则是搭配色；如果衬衣面积小，与主色调对比强烈则是点缀色（图5-26）。

图5-26　主色与搭配色或点缀色

五、流行色与常用色

（一）流行色

流行色是指在某一特定时间、特定区域里使用较为时尚的、时兴的色彩。"流行色"

是舶来词，英文名称为：Fashion Colour。流行色的出现反映在服装、建筑、工业、科技上，其中在服装上最为敏感。流行的周期也较短，更为消费者所接受。

作为服装设计师，有必要掌握最新的色彩讯息，了解国际流行色的趋势，如此使自己设计的作品走在时尚的前沿，具有新意和创意。国际上每年有两次流行色的发布会，即春夏和秋冬两季，每年发布的消息就是我们1~2年后所流行的色彩。这样的色彩不会是单一的颜色，而是色组，色组由几种颜色组成，常常将几种颜色按明度、纯度、冷暖等进行分类，从而进行区分和搭配。

一种流行色从发现到淘汰经历五个阶段，即产生期、激增期、普及期、衰退期和淘汰期。当市场对于这种流行色出现了饱和状态时，就会对它有了一种审美疲劳，甚至是厌倦情绪，这就是新的流行色即将产生的机遇，由此一波接一波，流行色不断地在更换，但色彩是有限的，我们的流行规律其实是各种色彩的交替，只是这些色彩在明度、纯度等方面稍作变化，因此，消费者对流行色经常会有似曾相识的感觉。

（二）常用色

常用色是指一定范围内适用性强、使用范围广、持续时间较长的色彩。它相对于流行色，更加具有稳定、持久性。常用色常常与流行色组合运用。例如，一件外套是流行色，而衬衫或配饰可以选用常用色。在生活中不是所有人都追求流行的、新鲜的东西，所以常用色会更加趋于一种稳定，有时会成为一个品牌的标志。例如，巴宝莉，就是经典的米色与褐色的格纹表现，经久不衰（图5-27）。

图5-27 巴宝莉的流行色与常用色

主题二　服装面料设计

　　服装设计不仅只是对服装造型、款式、色彩的创意设计，更是要利用面料的创意提高艺术感染力，随着社会的进步、科技的发达，服装面料已经不再是单一的平纹、斜纹、缎纹等形式，有了更多的新型面料，如环保面料、立体印花面料、手绘面料等。功能性面料也越来越普遍，如防雨面料、防辐射面料、隔热面料等。

　　新型面料的出现解决了过去设计师被禁锢的设计思维，提供了无限的想象空间，拓展了设计师的设计思路，因此，服装面料的创新也为服装设计提供了新的创意（图5-28）。

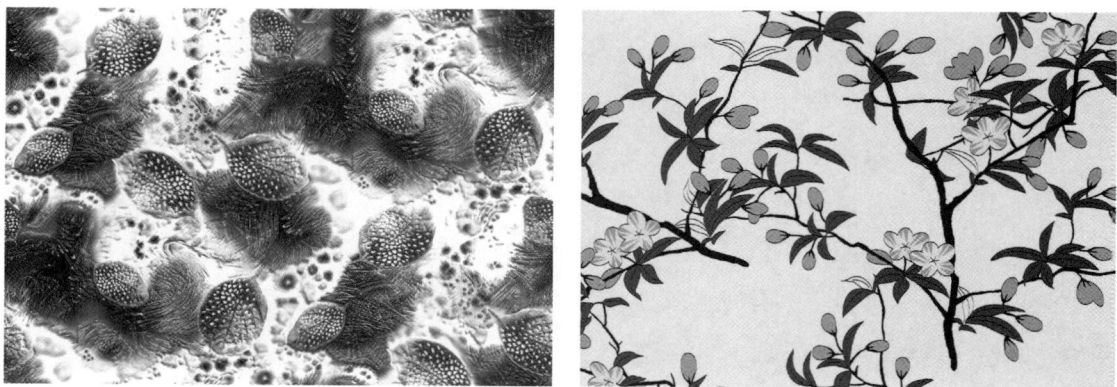

图5-28　立体印花及手绘面料

　　服装面料设计有两种形式，即面料的织造设计和面料的再造设计。

一、面料的织造设计

　　面料的织造设计是指面料的设计由面料厂家的设计师完成的加工和设计。它与服装设计师脱节，服装设计师从织造好的面料中选择与自己作品相配的面料，有很大局限性，不过随着服装面料的不断发展，当前出现的定制面料，就是面料厂家根据设计师的要求对面料进行设计。有的面料设计会细致到前身片、后身片的花型布局。例如，一款旗袍在肩部和下摆有一款花型，面料设计过程中就将这两款花型同时织在一块面料上，它们之间的距离是根据衣片上的真实尺寸确定的，它的花型构图是根据肩部、下摆部位的摆放设计的，这就是定制面料（图5-29）。

图5-29　面料的织造设计

二、面料的再造设计

面料的再造设计指服装设计师根据自身的设计风格和要求，对织造好的面料进行的再加工。在原有面料的基础上进行抽褶、打结、折叠、描绘图案等手段进行再造，使再造面料更具立体感和表现力。

面料的再造设计可归纳为以下三种形式：

（一）增型设计

增型设计是指在原有的面料上通过工艺剪裁手段增加艺术形态的设计手法。例如，刺绣、印染、粘贴、绘制、镶钻、披挂装饰等，使服装增强了立体层次感，丰富了文化内涵，使之更贴近设计的主题（图5-30）。

图5-30　增型服装设计

（二）减型设计

减型设计是指在原有的面料上通过工艺手段改变面料原有的结构，造成面料不完整性的设计手法。例如，镂空、抽丝、破洞、打磨等，使服装更具有一种梦幻、通透和粗犷的效果（图5-31）。

图5-31　减型服装设计

（三）立体型设计

立体型设计是指将原有面料通过收褶、缝合、填充、堆积等手段改变它原有形态的设计手法。使之具有立体的肌理效果，面料由平滑转化为触感强烈、视觉丰富的立体肌理，更适用于礼服中的立体造型（图5-32）。

图5-32　立体型服装设计

思考与练习

1. 色彩的概念是什么？它由哪些条件组成？

2. 色彩的三要素是什么？

3. 服装配色的原则是什么？色彩的对比是什么？色彩的调和是什么？

4. 同种色对比搭配练习。8开纸上勾画四副同种色色彩搭配的服装形象。要求：服装形象可以简单些；利用色相环的相距度数搭配；可以平涂，但要保证色彩的均匀。

5. 邻近色对比搭配练习。8开纸上勾画四副邻近色色彩搭配的服装形象。要求：服装形象可以简单些；利用色相环的相距度数搭配；可以平涂，但要保证色彩的均匀。

6. 类似色对比搭配练习。8开纸上勾画四副类似色色彩搭配的服装形象。要求：服装形象可以简单些；利用色相环的相距度数搭配；可以平涂，但要保证色彩的均匀。

7. 对比色对比搭配练习。8开纸上勾画四副对比色色彩搭配的服装形象。要求：服装形象可以简单些；利用色相环的相距度数搭配；可以平涂，但要保证色彩的均匀。

8. 简述降低色彩明度的方法有哪些？

9. 简述色彩搭配有哪些规律？

10. 何为主色？何为搭配色？何为点缀色？

11. 简述服装配色的一般过程是什么？

12. 什么是流行色？什么是常用色？

13. 服装面料设计有哪些形式？

14. 面料的再造设计有哪几种形式？

项目六 服装分类设计

主题一 服装分类方法

随着服装业的发展，在现如今的日常生活中出现了纷繁多样的服装款式。为了更好、更方便、更细致地设计服装，我们会将服装进行分类。

分类的方法有很多种，简单介绍以下几种方式：

（1）按性别分类：有男装、女装、中性服装。

（2）按季节分类：有春秋装、夏装、冬装等。

（3）按年龄分类：有童装、青年装、中年装、老年装。

（4）按功能分类：有运动装、学生装、职业装。

（5）按部位分类：有上装、下装、连衣裙装、礼服等。

除此之外，还有其他分类方法。例如，从造型结构上分类，有紧身型、适身型、宽松型；从民族朝代分，有汉服、清服、唐服、藏族服装等。由于服装的分类，服装企业也会相应划分得更加具体，很多服装企业只生产、营销自己分类的某一类服装。如季候风、秋水伊人、雅莹等品牌企业只生产女装；海澜之家、劲霸、利郎等品牌企业只生产男装；依恋、森马、美特斯·邦威等品牌企业生产少年服装。由此可以知道，服装的分类对于服装企业来说意义也非常重要，所以在服装市场有一个较为固定、符合自身发展的定位，更加明确了企业的市场位置，有利于企业形象和品牌的发展，消费者也可以更加具有针对性的选择。

主题二 女装设计

一、女装设计概述

女装设计是指女性服装的设计，包括上衣、下装、连衣裙、职业装、晚礼服等。女性的爱美之心人皆所知，不仅表现在生活中，更多的是表现在服装上。随着女性生理、心理的变化，女装的设计也随之发生改变。市场上也出现了各种年龄层次、各种风格的女装分类，可谓琳琅满目。女装不再是服用功能的需要，而是艺术审美和装饰的需要。归纳下来，当今女装设计追求的是"美"、"新"、"异"三个特性，而这三个特性又体现在服装的风格、造型、结构细节等方面。

二、女性生理、心理特征

（一）生理特征

女性身体线条柔和、曲线明显。总体特征是：肩窄、胸高、腰细、臀宽、四肢纤细，而且女性在不同年龄阶段具有不同的生理特征。

1. 少年期

女性在少年期整体外观柔弱、胸部扁平、臀部不丰满，三围差别不大。适合款式造型较为宽松、有利于运动的服装，以休闲、运动装为主 ［图6-1（a）］。

2. 青年期

女性在青年期整体外观凹凸有致，三围明显，体型较为丰满，适合各种时髦、流行、有个性的服装 ［图6-1（b）］。

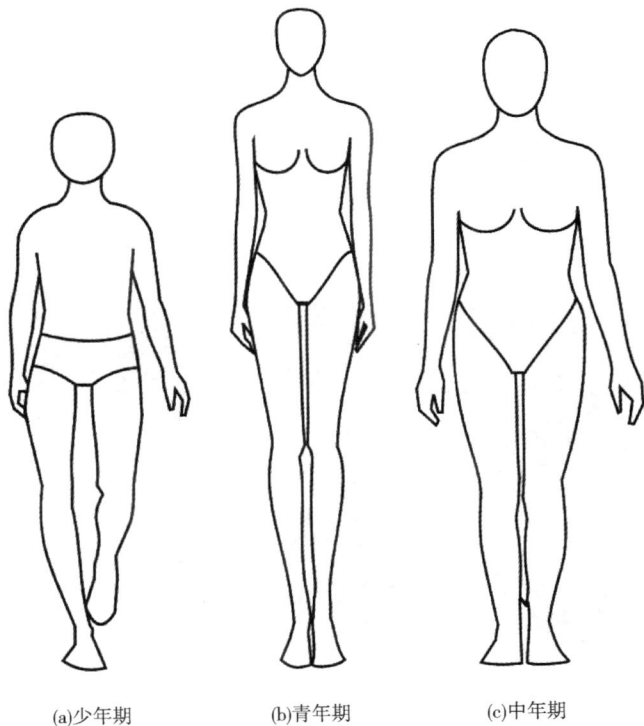

(a)少年期   (b)青年期   (c)中年期

图6-1 女性生理特征

3．中年期

女性在中年期整体外观较为平直，胸部、臀部下垂，腰臀差减小，适合款式简单大方的服装［图6-1（c）］。

（二）心理特征

女性对于服装追求的是"美"，追求美的同时会根据流行趋势、心理年龄、文化层次、穿着场合、消费水平等因素来选择不同的女装。总体来说，女性挑选服装有以下几种心理需求：求美心理、求新心理和从众心理。

三、上衣设计

（一）概述

上衣又称上装，是指人体上身所穿的服装，主要有衬衫、西服、内衣、背心、两用衫、T恤等。它由衣身、衣袖、衣领、腰身、下摆等部件组成。上衣的款式种类非常繁多。按款式分类，有衬衫、女两用衫、背心等。按季节分类，有春秋上衣、夏季上衣、冬季服装。按用途分类，有内衣、睡衣、运动上衣、日常上衣等。按轮廓造型分类，可分为A型、H型、X型、O型等。

（二）造型设计

服装上衣造型的设计主要是以衣身为主体，再以内部结构加以补充，基本形成了以下几种上衣造型。

1．A型

A型服装上窄下宽，以放大下摆为主要造型，衣长可以减短或加长（图6-2）。

图6-2　A型造型的设计

2. H型

H型服装上下一样宽窄，一般为适体型，胸围、腰围、下摆的尺寸变化不大（图6-3）。

图6-3　H型造型的设计

3. X型

X型服装是在H型的基础上将腰部收紧，下摆可以适度加宽（图6-4）。

图6-4　X型造型的设计

4. O型

O型服装肩部、下摆收紧，中间部分放大，形同灯笼形状（图6-5）。

图6-5　O型造型的设计

（三）结构设计

基础造型确定以后，在结构上也要与之相对应。一般有如下的结构设计要点：

1. 衣领与门襟的形式

上衣的衣领与门襟在整个设计中是要点，就像人的门面一样，常用的领型有无领、翻领、立领、翻驳领等（图6-6）。门襟可以正开门襟、偏开门襟；纽扣可以是单排扣、双排扣（图6-7）；还可以将上衣的开门方式设在侧面、背后等。

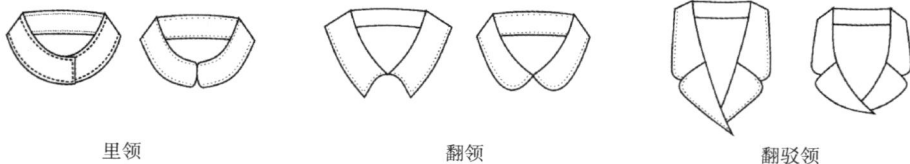

里领　　　　　　　　　翻领　　　　　　　　　翻驳领

图6-6　不同领型的设计

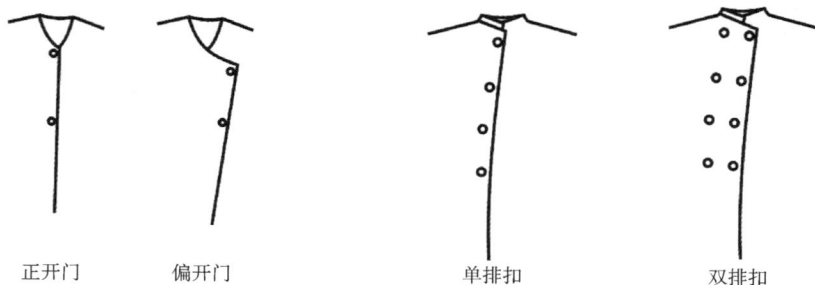

正开门　　　偏开门　　　　　　单排扣　　　　　双排扣

图6-7　不同门襟的设计

2. 衣身结构变化

上衣衣身的变化也是设计中的重中之重，可以根据不同造型对衣身进行不同的设计。如衣片分割，衣片放大，腰节线抬高或降低，衣摆的大小等（图6-8）。

图6-8　不同的衣身结构变化

3. 衣袖的设计

衣袖根据长度一般分为长袖、中袖、短袖、无袖（图6-9）。衣袖与衣身的连接有连衣袖、插肩袖、原装袖等形式。衣袖的变化也很关键，可以是紧袖口、装袖克夫、喇叭袖、灯笼袖等。还可以将衣袖进行分割、装饰等设计。

短袖　　　　　　　　　　中袖　　　　　　　　　　长袖

图6-9　衣袖的设计

（四）色彩及面料设计

在设计过程中，服装面料性能和特征决定了造型、风格的形成，所以面料在设计中的选用也很重要，面料可以是棉麻、真丝、涤纶、化纤、毛呢。同时，色彩的运用、设计对于不同年龄阶段的女性也有着不同的选择。例如，青年女性的服装色彩丰富多样，各种色彩都可运用；中年女性以大方、素雅的色彩为主；老年女性以淡色、碎花的色彩为主。

（五）装饰设计

女上衣的装饰手法有很多，常用的有绣花、荷叶边、钉钻、收褶、镶边、蕾丝等。不同的装饰手法给服装带来不同的风格。简洁大方的上衣一般以收褶、缉明线为主；活泼可爱的上衣以蕾丝花边装饰居多；优雅端庄的以绣花、镶边较多。总之，女装的装饰设计也根据服装的风格、年龄、需求有不同的选择。

四、下装设计

（一）概述

下装是指人体下身所穿着的服装，主要是裙、裤。裙的款式有筒裙、喇叭裙等；裤的款式有长裤、中裤、短裤等。

（二）造型结构设计

下装设计主要包括腰节、臀围、上裆、脚口、长度的变化。以裙为例，腰节的高低形成了高腰裙、中腰裙、低腰裙；臀围和下摆的大小形成了喇叭裙、A裙、筒裙；裙长的不同形成了长裙、中裙、短裙。因此，下装这些的关键部位决定着结构的变化，也塑造了不同的造型（图6-10）。

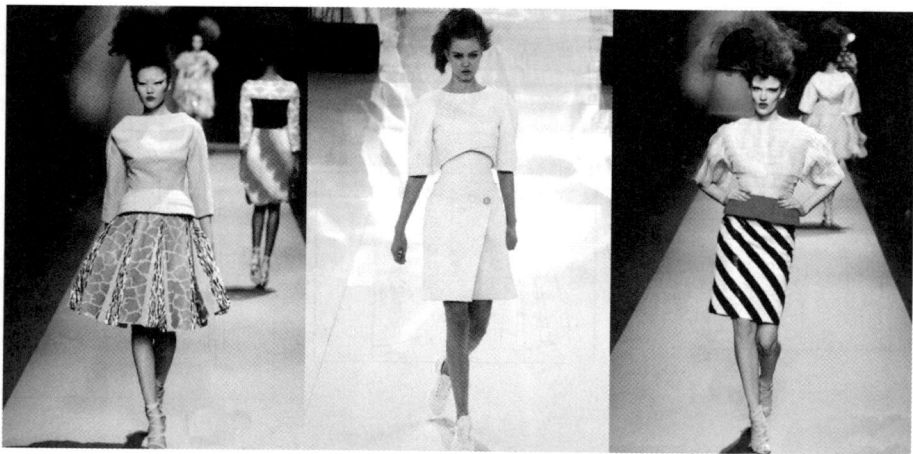

图6-10　不同款式的半身裙

（三）装饰设计

下装的装饰设计手法主要有拼接、绣花、抽褶、打褶、滚边、添加花边、荷叶边等。在进行装饰时可以单独一种，也可以几种并用。例如，拼接的同时可以添加一些装饰条、装饰带，镶嵌的同时加上抽褶的花边，等等（图6-11）。

图6-11　下装的装饰设计

五、连衣裙设计

（一）概述

连衣裙是指上衣与下装连在一起的裙装。可以有腰节线，也可以无腰节线。它是女性夏装的主要服装款式，用料一般以轻柔、透气为主。

（二）造型结构的设计

连衣裙设计的关键部位是肩部、胸围、腰围、臀围、袖长、裙长、下摆，这些部位的变化组成了不同造型的连衣裙。例如，连衣裙的肩、腰、下摆三个部位稍微变化就形成三种造型。第一种，肩部适体，腰身适体，下摆适体，是"H"型。第二种，肩部适体、腰身收紧、下摆放大，为"X"型。第三种，肩部适体，腰身、下摆同时放大，形成"A"型（图6-12）。

图6-12　连衣裙的设计

　　在结构方面，主要分为连腰节和分腰节两部分。连腰节的连衣裙就是上下身连为一个衣片，不分割，整体效果完整。分腰节因为腰节线的高低变化，有高腰连衣裙、中腰连衣裙、低腰连衣裙三种类型。当然，在结构设计中还可以运用分割的形式加以设计，更加丰富多彩（图6-13）。

图6-13　连衣裙的造型结构设计

（三）装饰设计

　　连衣裙的装饰部位主要是衣领、袖口、裙摆等部位。有绣花、加花边、蕾丝花边、加褶、镶丝等。装饰的风格要与连衣裙的风格情调一致，一般少女装、淑女装的装饰多一些，花色的连衣裙装饰少一些。裙摆的变化也很多，有直摆、圆摆、不规则裙摆、斜角裙摆等。裙片的层次也可以单层和多层形成不同的立体效果（图6-14）。

图6-14　连衣裙的装饰设计

六、职业套装设计

（一）概述

职业套装是指职业女性在上班场合穿着的上、下装组合款式。主要适合春秋季节穿着，用料比较考究，服装款式较为端庄、大方。随着社会的进步，女性在职场的地位越来越重要，对于女性的工作着装也越来越讲究。例如，银行、商场、税务、工商、学校等部门都要求员工穿着职业装工作。一是身份的象征；二是可以体现本部门行业的一种精神。

职业套装的上装为女士上衣，下装是裙或裤，有时会加一件马甲等，其风格是庄重、简洁但不单调、呆板，不适宜添加过于夸张的装饰，适合在正式场合穿着。

（二）造型结构设计

职业套装的造型主要以收腰为主，体现女性的细腰，较为适体。上装的衣长可以变化，但不可过短或过长，以免不够庄重。裤装造型可以是直筒型、哈伦型（锥型）或"小萝卜"型；裤长可以有不同长度，如九分裤、长裤。裙装造型有直筒型、A字型等；长度以膝盖为准，有膝上、膝下、膝平等（图6-15）。

图6-15 职业裤装及裙装

职业套装结构设计的主要部位是衣领、门襟、腰身、衣身等。衣领的形态有驳领、青果领、立领、无领等形式。门襟可以正门襟、偏门襟，可以直线、斜线。纽扣可以是单排扣、双排扣等形式。腰身主要是适体收腰，体现女性的曲线美，曲线的表现可以通过分割形式，使衣身具有腰身的造型。分割的形式可以有直线分割、曲线分割、斜线分割、曲线分割四种类型，要根据套装的风格和造型以及省位的处理决定运用哪种类型的分割。例如，前衣身的胸部，为了体现女性的胸腰曲线，一般从肩部或腋下经过BP点到下摆进行曲线分割。将胸腰省包含其中，既美观又符合服装端庄大方的风格（图6-16）。

图6-16　不同分割的女性职业上装

（三）装饰设计

职业套装因为其特定的需要，不能添加过多装饰，可以在口袋、色彩方面作一些别致的设计。例如，口袋的设计，可以设计成方形明贴袋，袋口可以是一字形、V字形、圆弧形，以显示出稍许活泼。色彩一般运用素雅的单色面料，以中性色为主，在口袋、领口、门襟、袖口等部位可以适当拼镶一点其他的色彩，使之在庄重的基础上又不失女性的柔美和典雅。例如，一套主色是墨绿色的职业装上，可以在领面的边缘拼镶上一条米白色的面料，起到点缀的作用。如果整套服装的色彩都是灰色，则可以通过服饰品的艳丽色彩（如丝巾、耳环、领结、皮鞋等）加以点缀，使之不过于沉闷。

主题三　男装设计

一、男装设计概述

男装较于女装，更注重品质。它是男性身份地位的象征，体现的是男性的粗犷和阳刚之美。设计过程中，多以直身型为基础造型，结构的变化也没有女装复杂，主要有西服、夹克衫、衬衫、大衣等款式。

二、男性生理、心理特征

（一）生理特征

男性身体线条刚毅，整体造型呈倒梯形。总体特征是：肩宽，臀窄，腰臀差小，四肢健硕、有力。不同年龄阶段具有不同的具体特征。

1. 青年期

18~35岁为青年期，他们充满活力，精力充沛，活泼好动，这一时期的身体特征为胸部壮实、腰细、臀窄。服装主要以休闲、运动为主，如牛仔、运动装、休闲装、夹克、休闲西装等（图6-17）。

图6-17　青年期男装

2. 中年期

35~60岁为中年期，成熟、稳重，具有一定的经济基础，开始注重身份和地位。身体特征表现为胸部肌肉开始松弛，腰粗、腰突、臀下垂，四肢肌肉已不够结实，服装主要以正装为主，也会穿着休闲类服装，品位随着经济实力的增强而越来越高，如西服、夹克、衬衫、T恤等（图6-18）。

图6-18　中年期男装

3.老年期

60岁以上为老年期，随着体力的减退，运动量也会减少，身体特征有两种趋向，一者肥胖，二者清瘦。服装主要以舒适、宽松为主，实用性功能增强，对于体现身份的需求减少，如T恤、运动装、休闲装、夹克衫等（图6-19）。

图6-19　老年期男装

（二）心理特征

男性在社交活动中的地位占有主导性质，他们的事业成功与否，很大程度表现在车、房、手表及服装上。男性的服装体现的是男性的品位、审美、素养及文化层次，他们对于服装选择的心理主要是修饰自我、标志身份、体现个性及群体认同。

三、衬衫设计

（一）概述

衬衫是男士最为常用的服装，一般穿着于春秋季节，有长袖，有短袖，面料以轻薄的棉麻为主。在公元前16世纪，古埃及就出现了衬衫的基型，它是无领、无袖、腰身收束。到了16世纪，欧洲盛行的衬衫在领和前胸绣花和装饰花边。18世纪以来，英国人率先穿起硬高领衬衫。到了19世纪40年代，西式衬衫传入中国，一般为男子穿着的服装，现如今衬衫也在女装中盛行（图6-20）。

（二）造型结构设计

男士衬衫的造型以H型为主，内部结构采用横向分割和纵向分割。横向分割一般在前胸、后肩。纵向分割在前衣片、后衣片及袖片。袖长有长袖、短袖。领型的变化主要有翻领、立领（图6-21）。

图6-20　男、女衬衫

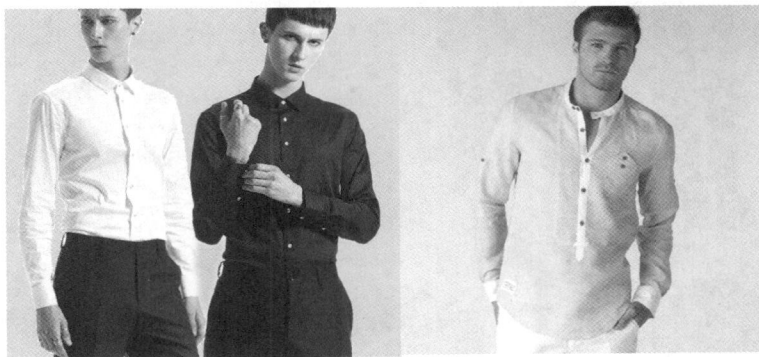

图6-21　男士衬衫的造型变化

（三）装饰设计

男士衬衫是传统服装，大方、得体，装饰较少。装饰部位一般为领口、袖口、纽扣等部位，可以在这些部位进行拼色、镶边等简单的装饰。

四、西服设计

（一）概述

西服源于欧洲，据称是日耳曼民族南下时的三件套：上衣、背心、裤子，它是男士的传统服装。到了19世纪中叶，它的结构和组成发生了变化，只有上装和裤子，造型也更为修身适体，成为当时社会上有文化、有涵养人士的代表服装。西服的主要特点是外观挺括，线条流畅，穿着舒适，是当今社会消费群体最多的一种国际化款式的服装。

（二）造型和结构设计

西服的造型由过去的T型转化为H型，肩部的宽度由宽到窄，T型的肩部加有垫肩，体现男性的魁梧，收紧臀部的下摆。H型的西服肩部合体，下摆略放宽。衣身结构一般有三开身、四开身。衣袖的弧线造型也更加合乎人体手臂的弯曲度和运动量。衣片处的驳头位置可高可低，驳头可宽可窄；驳头位置的高低决定了纽扣的数量，也取决于西服的风格。驳头窄且高的设计适合于休闲风格；驳头宽且低的设计适合于传统风格（图6-22）。

图6-22　西服造型设计

（三）装饰设计

西服的装饰相对较少，主要在驳头、胸袋处，可以拼镶不同色彩的面料，突出西服的风格。西服的面料也有很多种选择。例如，传统西服采用含毛成分的涤纶、薄呢，颜色以暗色为主，穿着时要搭配衬衫、领带等。休闲西服采用棉麻等多种新型面料，颜色可以浅色、中性色，穿着时可以搭配T恤、汗衫、牛仔裤、休闲裤，年轻人为主要消费群体（图6-23）。

图6-23　男西装的装饰与搭配

五、夹克衫设计

（一）概述

夹克衫是一种穿着于衬衫外面的外套款式，适用于春秋季节，一般穿着于非正式场合，是生活中较为常见的服装。它具有轻便、活泼、舒适的特点。随着经济的发展，人们物质生活水平不断提高，夹克衫的面料也越来越丰富多样，如涤纶、棉麻、毛呢、皮革、PU、防辐射面料、涂层面料、牛仔等。

（二）造型结构设计

夹克衫的造型主要以T型为主，肩部宽松，下摆收紧。它有一个显著特征："三紧"。三紧指：袖口收紧，领口收紧，下摆收紧。下摆收紧，其形式可以是牛筋、拉链、纽扣、罗纹、搭襻等。夹克衫的T型造型决定了肩部的结构较为宽松，肩宽加大，袖窿结构也放深，形成落肩袖，同时也有插肩袖、上肩袖。宽大的袖身穿着舒适、随意，有一种洒脱的感觉，适体的衣身使人精神、挺拔，具有端庄的效果。

夹克衫还有一个重要的结构设计手法，即分割。分割是夹克衫必不可少的构成部分，它既能丰富款式内容，又能起到装饰效果。例如，在分割线部分缉明线或者利用分割线进行多色拼镶、滚条等。夹克衫的分割形式有横向、纵向、斜向和曲线几种。横向分割，主要分布在前胸、后肩；纵向分割，主要分布在前衣片、后衣片、袖片；斜向分割，主要分布在肩部、衣身；曲线分割，较少使用，一般分布在前、后肩部（图6-24）。

图6-24　夹克衫的造型设计

（三）装饰设计

　　夹克衫的装饰主要体现在口袋、搭襻、分割线等方面。口袋有明贴袋、暗缝袋、挖袋等，这些运用较为普通，它还可以转化为立体感以及袋中袋，起到装饰作用。装饰的位置主要在前胸、腰部、袖片上部；口袋上装饰有拉链、纽扣、搭襻及袋盖等各种形态（图6-25）。

图6-25　夹克衫的装饰设计

　　搭襻的装饰部位主要在肩部、袖口、下摆的两侧，一般以缉明线为装饰手法，具有大方、洒脱的立体感。分割手法具有四种形式：横向分割，纵向分割，斜向分割，曲线分割。不同的分割形式具有不同的特点和风格（图6-26）。

图6-26　夹克衫的几种分割形式

六、裤子设计

（一）概述

裤子是一种穿着于下身的、具有两条裤腿的下装，是男装设计的重点，男士的下装一般都是裤子。裤子的种类有西裤、休闲裤、牛仔裤、灯笼裤、内裤等。长短的类型有长裤、中裤、短裤三种。裤子来源于西方，所以西裤的称呼由此而来，它也是裤子的代表款型。在巴洛克时期，裤子有侧面的纽扣加上装饰的衣边，非常烦琐和奢华。到19世纪初期，才发展成如今的西裤。简洁、大方、舒适是它的特点，也是至今经久不衰的原因所在。

（二）造型结构设计

裤子的造型决定了裤子的外观形象，也是裤子设计的关键，不同造型的裤子具有不同的风格。例如，西裤以H型为主，又称为直筒裤，它具有大方、简洁的效果；萝卜裤，以O型为主，上下两端收紧中间膨出，给人以飘逸、活泼的感觉；牛仔裤是紧身型，包住臀部和腿部，面料略有弹性，塑造双腿的修长，有一种洒脱、自然的效果。设计过程中设计师还会根据实际情况对放松量进行调整，比如改变裤腿的宽松度、裤脚的大小、长短等（图6-27）。

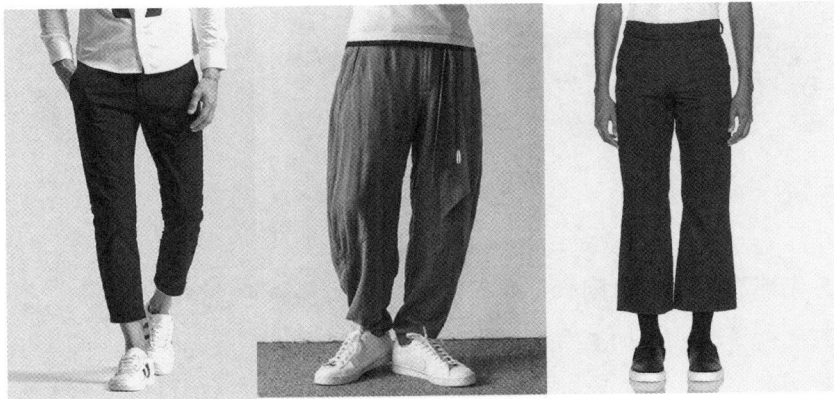

图6-27　裤子的不同造型设计

除了造型是关键之外，就是裤腰的形态，它有高腰、中腰、低腰三种类型，同时它一般有两种状态：装腰和连腰。装腰指裤子在腰部有裤腰头部件，与裤片分开，裤腰的宽度可宽可窄，围度不能随意更改，裤腰的扣合方式可以是纽扣、拉链、牛筋、系带、搭襻等（图6-28）。连腰是指裤腰与裤片连成一片的形式。连腰一般以高腰为主，腰带上口在腰节线上。为了腰臀部曲线的表现，一般通过腰部的收省、收裥等形式解决腰臀之间的差，从而达到合体的效果（图6-29）。

图6-28　男装裤腰的扣合方式

图6-29　男连腰裤

裤子的分割形态主要在休闲裤、牛仔裤上运用较多，通过横向、纵向、斜向、曲线四种形式的分割使裤子款式更加丰富，增强立体感、层次感以及趣味性。近几年，牛仔裤、休闲裤上收省的部位不仅仅在腰部，而是在膝盖、大腿中部、脚口也出现了收省、收裥的形式。因此裤子设计的思路更为广阔，表现形式也越来越丰富（图6-30）。

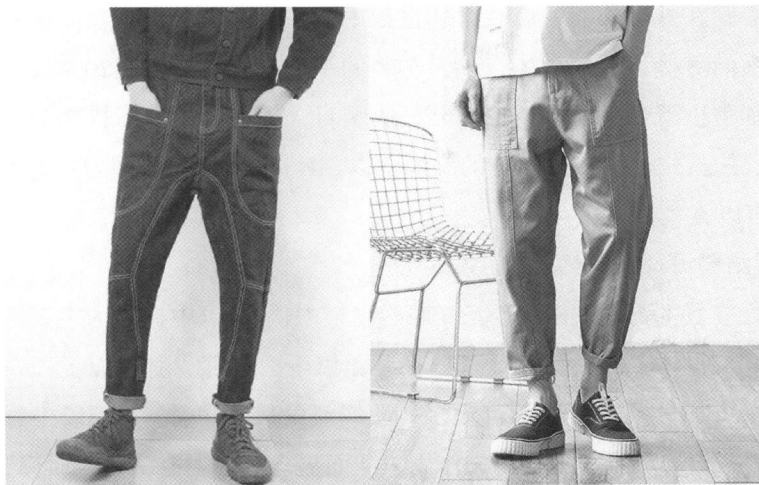

图6-30　裤子的不同分割形态

（三）装饰设计

男装中的裤子装饰较少，特别是正统的裤子，如西裤。休闲功能的裤子装饰稍多，主要在腰、口袋、侧缝等部位。装饰手法有流苏、拉链、立体袋、滚边、缉明线、抽褶、系带、分割等（图6-31）。

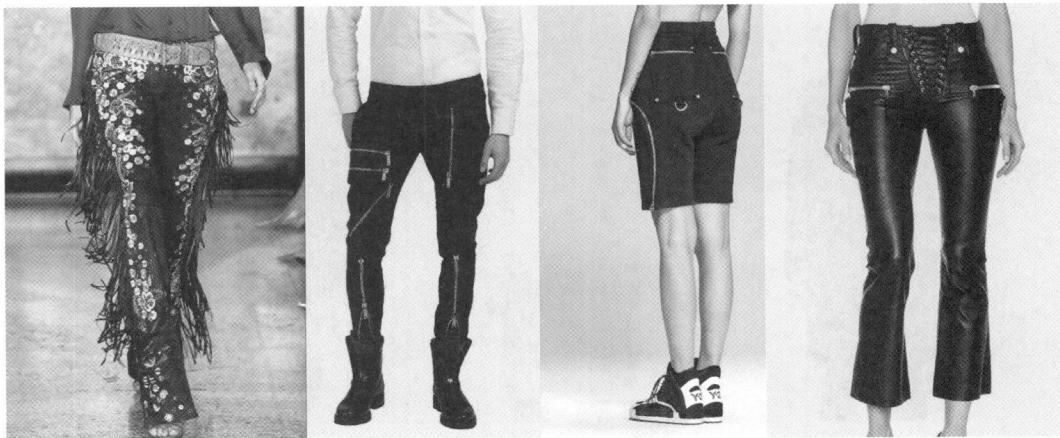

图6-31　男裤的不同装饰手法

七、大衣设计

（一）概述

大衣是男士日常生活装之一，穿着于秋冬季节，用于正式的场合，它是一种面料偏厚、衣身较长、穿在外套外面的服装。18世纪中期，男式大衣出现在欧洲的上层社会，款式一般为腰部横向剪接，腰围合体，多为军装的一种。到了19世纪20年代，大衣成了日常服装，衣长在膝盖以下，大翻领或枪驳领，收腰身，门襟部位以双排扣为主，后腰身有装饰。现今，大衣的款式走简洁、大方的路线。以"H"、"X"造型为主，面料多用羊毛混纺，面料色彩多以素色为主。

（二）造型结构设计

男士大衣的造型主要是"H"型、"X"型。"H"型以中老年为主要消费群体，适体的腰身显得大方、得体、舒适，长度可以在膝盖以下、齐膝、膝盖以上以及短大衣。衣身以直筒状为主，可加分割线，但不可太多，明缉线的表现更佳。X型以中青年为主要消费群，收腰身造型，腰带收紧，具有装饰作用，从而显得年轻、有活力、时尚，衣身以小A型为主，可适当加分割线。

大衣的衣领有翻驳领、枪驳领、立领、青果领等。门襟有单排扣、双排扣、有拉链、暗门襟等形式。衣袖有上肩袖和插肩袖两种类型，上肩袖较为合体，肩部收窄，衣身略收，显得很精神，有朝气。插肩袖一般衣身较为宽松，具有舒适、休闲的特点（图6-32）。

图6-32　男士大衣的造型

（三）装饰设计

男式大衣主要是直筒造型，以合理的比例、精良的工艺来体现它的风格品位。在装饰方面，极为精致又含蓄，一般有搭襻、缉线、腰带、口袋等。装饰部位在肩部、前胸、袖口、腰部、门襟（图6-33）。

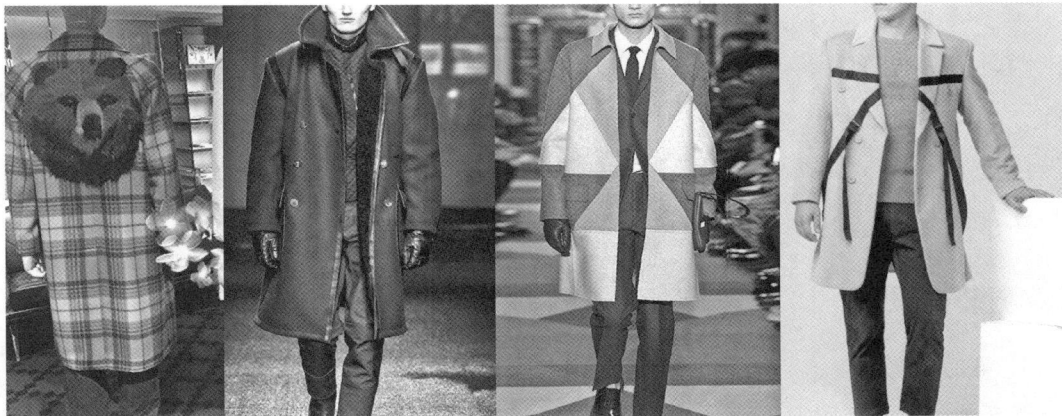

图6-33 男式大衣的装饰设计

主题四　童装设计

一、童装设计概述

童装，顾名思义是指儿童的服装，包括0~16周岁的未成年人的日常服装。由于不同阶段的儿童有不同的生理和心理特征，所以设计童装必须对各个阶段有不同的设计方法和要点。

二、儿童生理、心理特征

1.婴儿期

0~1周岁为婴儿期，婴儿在此时间段主要以睡眠为主，皮肤非常娇嫩，生长速度较快，需要成人照料，体态特征是头大颈短且软，四肢短小，腹部隆起。随着时间的推迟，会短暂的坐、爬、立等动作。

2.幼儿期

1~5周岁为幼儿期，这一时期，孩子的发育飞快，四肢开始粗壮，身高拉长，开始有自己的思想，运动量明显增大，有渴求新事物的愿望，性别差异开始明显。

3.学龄儿童期

6~12周岁为学龄儿童期，进入小学阶段，是孩子智力发展和行为习惯养成的关键时期。男孩更加好动，身体越来越结实，腹平腰细，四肢发达。女孩这一时期越来越安静，越来越爱美，有了自己的审美情趣，身体出现女性特征，开始发育。

4.少年期

13~16周岁为少年期，这个时期的男、女生进入发育过渡期，生理、心理发育都有明显变化，人们也称之为叛逆期。随着生理、心理的变化，男孩体型趋向成人，肩宽、胸阔、四肢修长，有了自己的思维方式。女孩体型更为女性化，胸突，腰细，腹平，喜欢安静，性格较为温和。

三、童装的设计

1.婴儿服装

婴儿装的首要条件是舒适、安全、穿脱方便。在结构上多采用无领，前开门襟或侧开门襟的连体装；以宽松为主，没有腰身，不适宜用拉链，以免婴儿误食；面料以浅色、纯色的纯棉面料为主，不适宜添加装饰（图6-34）。

图6-34　婴儿服装

2.幼儿服装

幼儿装的设计要考虑到幼儿的生理、心理特征，随着孩子运动量的增加，服装的结构仍然以宽松为主，造型主要是H型、O型、A型，门襟的设计方便孩子自己穿脱，正前门襟的设计加上纽扣，拉链的开口方式最佳。由于这一时期的孩子已有了自己的喜好，喜欢可爱的动物、鲜艳的花朵、炫酷的动漫卡通形象。因此，在服装上还要适当添加此类图案的装饰。口袋的设计也非常重要，既要有实用功能，又要有审美功能，要符合孩子的心理（图6-35）。

图6-35　幼儿服装的设计

3. 学龄儿童服装

这一时期的年龄跨度略大，小学6年期间孩子的身体特征、心理特征会有较大的变化，所以学龄儿童服装的设计以简洁、大方为主，适当添加一些装饰，体现个性。随着年龄的增长，儿童的脖子变长，肩部变宽，腹部平坦，运动量增加，服装的造型更加丰富。男孩以H型服装为主，宽松的板型方便运动幅度增大，面料的耐磨度增加，也可以在易磨损的部位拼接耐磨面料或是加厚；色彩不宜花哨，明快、和谐的搭配最佳。女孩开始发育，女性特征开始显现，肩窄，胸凸，腰细，腹平。服装造型有A型、O型、H型、X型等，设计的空间较大。裙装是女孩服装的设计亮点，裙装的造型，结构变幻无穷，面料、色彩也多姿多彩，可以适当考虑与之配套的服饰（图6-36）。

图6-36　学龄儿童服装

4. 少年期服装

这一时期，少年的思想、行为习惯受到成年人的影响，日趋成人化，迫切地想表现自己已成熟，希望表现自己的个性，对于服装的要求也有了成人的趋向，同时个性服装深受欢迎。男孩的男性特征明显，肩宽胸厚，四肢粗壮，富有朝气，以休闲、运动系列为主，再配以时尚的服饰是他们的首选。女孩的女性曲线更加完美，除了休闲、运动装之外更喜欢裙装，由于女生的特殊身份，仍为未成年人，裙长的控制较为重要，过短显得轻佻，不稳重；过长则拖沓，没有活力。造型的设计仍以简洁、大方为主。可适当添加一些装饰，如蕾丝、花边、抽褶、图案等，增添些活泼、可爱、甜美的效果。面料以棉麻等透气性好的面料为主，色彩则丰富多彩（图6-37）。

图6-37　少年期服装

童装设计重要的是考虑不同年龄时期的儿童需求，从造型、款式、面料、色彩等方面入手，采用各种装饰手法迎合不同时期的喜爱。简洁、大方、童趣、舒适是设计的关键，只有了解儿童的生理、心理特征，才能设计出儿童真正需要和喜爱的服装。

思考与练习

1. 服装有哪些分类方法？

2. 什么是女装设计？

3. 女装设计的练习。

（1）女上衣的设计练习。要求：根据几种不同的造型各设计出4款女上衣，用8开纸，画黑白款式图。

（2）下装的设计练习。要求：根据不同的造型设计出4款女下装，用8开纸，画黑白款式图。

（3）连衣裙的设计练习。要求：根据几种不同的造型设计出4款连衣裙，用8开纸，画黑白款式图。

（4）职业套装的设计练习。要求：根据几种不同的造型各设计出2套职业套装，用8开纸，画黑白款式图。

4. 简述女性的生理、心理特征。

5. 简述男性的生理、心理特征。

6. 男装的设计练习。

（1）衬衫的设计练习。请根据男装的造型结构设计几款衬衫。

（2）西服的设计练习。请根据男装的造型结构设计几款西服。

（3）夹克衫的设计练习。请根据男装的造型结构设计几款夹克衫。

（4）裤子的设计练习。请根据男装的造型结构设计几款裤子。

（5）大衣的设计练习。请根据男装的造型结构设计几款大衣。

7. 简述儿童的生理、心理特征。

8. 婴儿装的设计练习。要求：根据婴儿的生理、心理特征及设计要点，用黑白款式图表现，用8开纸，服装款式简洁、活泼、有童趣。

9. 幼儿装的设计练习。要求：根据幼儿的生理、心理特征及设计要点，用黑白款式图表现，用8开纸，服装款式简洁、活泼、有童趣。

10. 少年装的设计练习。要求：根据少年的生理、心理特征及设计要点，用黑白款式图表现，用8开纸，服装款式简洁、活泼、有童趣。

项目七　系列服装设计

主题一　系列服装设计的要素

一、系列服装概述

何为系列？系是指系统、联系；列是指行列、排列。系列即指将某一事物按一定的系统或有联系的东西排列起来。由此看出，系列不是个体，是群体，而这一群体之间必然有着互相联系的因素。系列服装，就是指具有某种联系因素又有个性特征的服装群体。

在日常生活中，系列设计处处可见，如系列家纺、系列家具、系列汽车、系列文学作品等。系列服装也在生活中随处可见，不再是舞台上的专属。既然是系列，说明不是单一的，而是两套或两套以上，这几套服装之间会有一种共同相通的元素，但如果过于相同则又会单调，没有变化，所以系列服装中的每套服装，同时要具备独特的个性，它们排列在一起，既有相同的共性，又有自身的个性，从而形成一个整体。这个整体有同一主题、同一思想，在这统一思想下，会衍生出一种情感，一种视觉所带来的心理感受，它是服装的感性语言，不是每套服装的简单相加。例如，将一条曲线复制几十次，排列整齐放置，就会形成一幅图，这幅图带给人的感受会是跳跃、流动、延伸，它就不会是简单的一条条曲线的叠加。

二、系列服装设计要素

我们从系列服装的概述中知道，要设计系列服装必须有三个要素：数量、共性、个性。

1. 数量

一套服装我们称之为单套服装，两套服装可以称之为双体系列，但由于数量太少，系列感不强，一般在系列设计中很少使用；三套以及三套以上的服装，才是真正的系列服装。

在服装界一般会将系列服装分为大、中、小系列。小系列3~5套服装，一般用于设计比赛，以效果图的形式表现较多，对效果图的绘制、表现技法和艺术表现力等要求更高些，只有效果图入选才会有实物的表现。中系列6~8套服装，用于设计比赛，也用于时装展示会，随着服装套数的增加，系列感会增强，所要表达的思想、主题会更明显，让人一目了然，有强烈的视觉冲击力，从而明白设计师所要表达的中心思想和情绪。大系列9套以及9套以上，用于时装发布会和展览会，需要的是表现服装实物，对效果图不作要求，大系列的服装除了紧扣设计主题外，还要与展示台的布景、灯光效果相协调，同时还要注重服饰的配套，如鞋、包、首饰、帽子等，这样才能充分地体现系列的主题风格，增添舞台的效果，更具有感染力（图7-1）。

图7-1　系列装中服饰的配套

2. 共性

共性就是系列服装的中心思想，它包括主题、精神、情调、风格等，具体反映在服装上体现为共同的造型，共同的内在结构，共同的面料、色彩，共同的装饰手法等。这里面所讲的共同其实是指相似或接近，不是完全相同，只是在人的视觉和心理上认同为相同。例如，大圆和小圆，三角形和菱角等。

系列服装的设计共性在造型方面的表现。例如，一套服装的裙子上有郁金香的造型，系列中的其他服装就也会出现郁金香的造型，可以表现在袖子、领口、衣身等部位。这个郁金香的造型就是系列中的共性，当然，造型的共性不一定完全一样，可以在一个基础造型上加以变形、衍生或简化，这都是系列的一种内在联系。当几套具有共性的服装陈列在一起时，人们的视觉和心理自然会产生一种统一感和系列感（图7-2）。

系列服装的设计共性在面料、色彩方面的表现，系列服装中最显性的共性就是面料和色彩，让人一目了然，一个系列的面料一般用到一至两种，并且在每套服装上都有表现，但很多设计的初学者在共性的联系上只有面料和色彩，缺少了共同的主题、情调、风格，这则不能构成真正的系列服装设计。所以说，共性因素在每套服装上不是单一体现的，而是几种、多方面、综合的一种体现，除了造型、结构、面料、色彩、情调、风格，还会在服饰品、装饰表现手法等方面出现，这样才能真正体现系列感（图7-3）。

图7-2　郁金香元素的系列造型

图7-3　系列装中面料和色彩上的共性

3. 个性

有了共性，自然不能忽视个性，个性是每套服装之间的区别，体现在形态、款式、造型、结构等方面。例如，每套服装在形态上，有大小、位置、多少、长短等区别；在结构上，有点的大小、线的排列、面的数量等不同；在分割上，有分割线的长短、数量、方向的区分。这些方面都是个性的特征。但这种个性特征的不同都以共性特征为基础，要保持同一个情调、风格，这也是系列服装之间的一个联系，一根纽带。当一个系列服装同时出现时，这种个性中映射出的共性因素特别明显，设计师的设计意图一览无遗。

注重了系列服装之间的关联和契合度，对单套时装整体感也不容忽视，整体感是指服装单套存在时的一种完整度，一种和谐美。它包括点、线、面之间的关系，结构款式合理安排，色彩的搭配，比例的大小，分割的均衡等方面。简而言之，就是要符合服装设计的形式美法则（图7-4）。

图7-4　服装设计的形式美法则

因此，系列服装设计中，既要注重单套服装的个性和完整，又要注重群体中的共性和整体，他们相辅相成，相互影响，只有完善了个体，才能充实整体，使之和谐、丰富。

主题二　系列服装设计的形式

一、系列服装的分类

1. 按性别分类

系列服装按性别可以分为男装系列、女装系列、整体服装等。

2. 按年龄分类

系列服装按年龄可以分为婴儿装系列、童装系列、少女装系列、中老年服装系列等。

3. 按穿着场合分类

系列服装按穿着场合可以分为礼服系列、职业装系列、休闲装系列、生活装系列等。

4. 按季节分类

系列服装按季节可以分为春秋装系列、夏装系列、冬装系列等。

5. 按面料分类

系列服装按面料可以分为花色面料系列、丝绸系列、棉麻系列、素色系列等。

6. 按主题分类

系列服装按主题可以分为花卉系列、宇宙系列、青春系列、梦幻系列等。

二、系列服装设计的形式

在当今经济发展全球化的大背景下，服装设计也涉及全球化范围，设计理念、流行趋势、展示发布会形式等都与国际接轨。服装设计展示会不再是过去的简单模式，系列服装设计的形式也不在单调，越来越多样化，可以概括为以下几种形式：

1. 单品系列

单品系列是最为常见的系列，指以同一品类形式出现的系列服装。例如，休闲装品类系列，每一单套服装都是休闲品类，围绕休闲为主题设计的各套服装形成一个系列。还有淑女系列、户外运动系列等（图7-5）。

图7-5 单品系列

2.造型系列

造型系列是指服装的造型轮廓相同或相似，从而形成的系列服装。外部轮廓相同或相似，但内部款式结构各有不同（图7-6）。

图7-6　造型系列

3.结构系列

结构系列是指以结构变化作为系列元素，从而形成的系列服装。这一结构变化大同小异。如平驳领、方袋盖、嵌线袋等这些元素在每套服装上都有体现，只是在位置、大小、数量上发生微调（图7-7）。

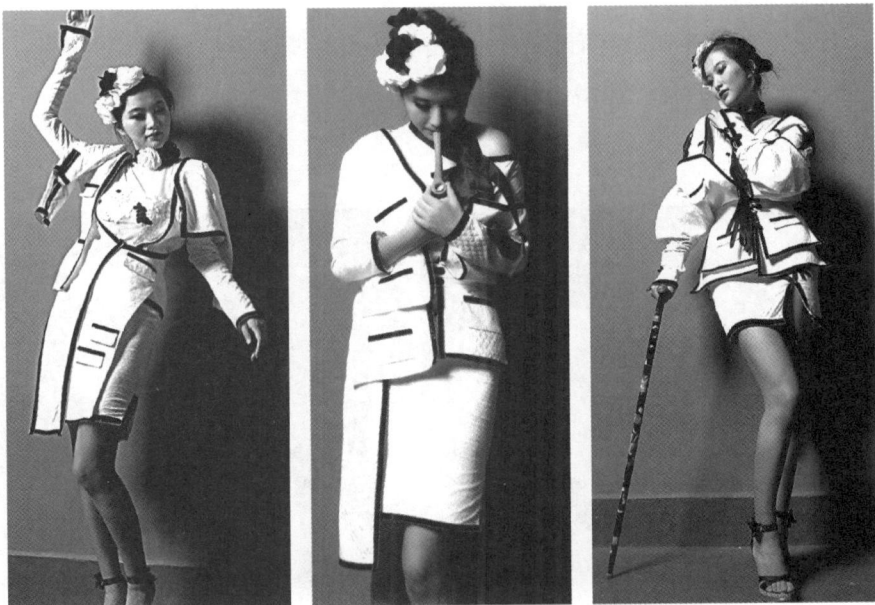

图7-7　结构系列

4. 色彩系列

色彩系列是指系列元素由一种或一组色彩构成的系列服装。但色彩可以在纯度、明度、冷暖、面积、位置等方面进行变化，形成既有共性元素，又有个性特征的系列服装（图7-8）。

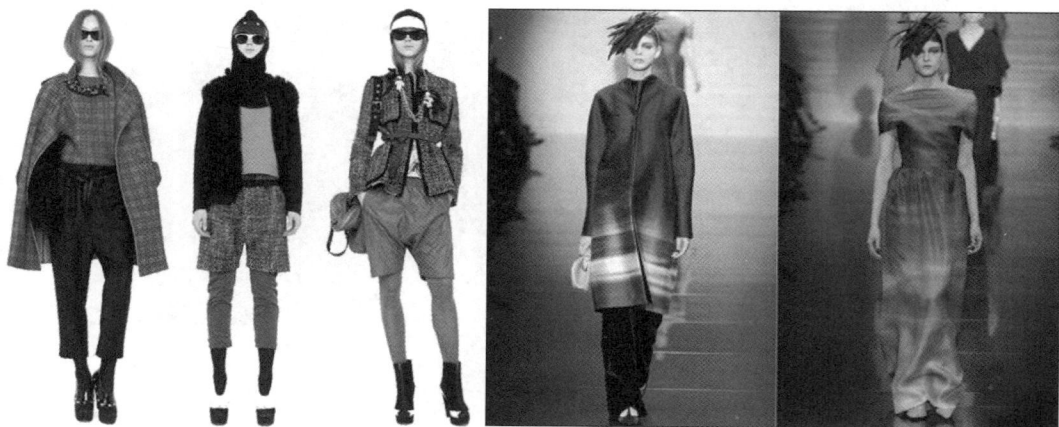

图7-8　色彩系列

5. 面料系列

面料系列是指以面料特点作为系列元素组成系列的服装。面料的特点就是面料的折叠、染色、渐变、拼镶等。最具有代表性的是服装设计师"三宅一生"的作品。利用面料的立体空间感选出服装的各种造型（图7-9）。

图7-9　服装设计师"三宅一生"的作品

6. 工艺系列

工艺系列是指以系列元素作为工艺手法或装饰手法的系列服装。通过特殊的手工工艺或其他装饰工艺使服装出现具有装饰、立体造型等效果。工艺手法有刺绣、拼贴、立体花型的塑造、钩针编织、剪切镂空、打磨、做旧、钉珠等（图7-10）。

图7-10　工艺系列

7. 图案系列

图案系列是指以服装或服饰品的图案为系列元素的系列服装。此图案要有特色，与系列主题紧紧相扣，图案的形成不是简单直观的概述，它可以概述、意向、变形，从而突出图案在服装上的亮点（图7-11）。

图7-11　图案系列

主题三　系列服装设计的要点

服装系列设计的创作是日常生活、历史文化、艺术领域、古今建筑、街头时尚、社会政治等各方面灵感的反映，它的设计理念、中心、主题都来源于此，在此基础上加以引申、挖掘，从而设计出丰富多彩的、各具特色的系列服装。

作为一名优秀的设计师，必须不断地收集可提供设计灵感的各种资源，将之在设计过程中加以整合、融通，并运用到设计中去。有了一定的灵感，就要掌握系列服装设计的要点。

一、主题的构思

主题是指服装设计的核心，它可以是具体的某一事物或某一事件，如花卉、动物、人物、社会热点事件等。也可以是广泛的一个笼统概念，如宇宙、太空、幻想、青春等。设计主题确定以后，围绕这一主题查阅有关资料，收集与主题有关的信息，构想设计的切入点。如服装的色彩、面料、造型结构、工艺特点、图案造型、服饰配套等，使这些方面都与主题相一致，反应主题的思想。

主题构想的形式有两种。一种是先主题后构思，指先由自己或他人确定一个主题，根据主题的旨意再构思系列服装的设计，如参赛作品、参考作品等。另一种是先构思后主题，指设计师平时手头上具备了很多的设计资源，慢慢地会将这些设计理念、设计款式按一定形式分类，根据各类服装的特征、表现形式确定主题。这种方法具有偶发性和随意性，是长期积累的情感反映。

二、基型的确立

当主题构思完成之后，设计师进入具体构思表现阶段，基型的出现即是构思表现的实物化过程。基型的确立是系列服装设计最为重要的内容，基型就是根据主题思想构思出来的第一套服装，它是系列产生的最基本的款式造型形象，也是构思表现的实物形象。

基型是系列服装中最具代表性，最贴合主题，最先设计出来的系列服装形象。它的款式特征、面料的使用、色彩的搭配、工艺的设计、装饰的手法等都是根据设计师对主题的理解、分析、归纳而形成的，就如作文的中心思想，文章的铺垫、发展、高潮、结尾都围绕着中心思想展开。同一主题，不同的设计师会有不同的认识、想法，所表达的服装语言也不尽相同，这与设计师本身的素养、艺术修养、文化内涵、创意能力、感悟能力等有着不可分割的关联。但不管设计师怎样，在设计过程中都必须寻找一个设计的切入点，这个切入点可以是事物、景物、人物，也可以是主题中的某一句话给予你的感动，更可以是主题中反映的文化、艺术内涵等。有了这个切入点，就需要将切入点作为构思的起点，开始围绕这个切入点寻找资料，展开联想和想象。再把获得的这些信息进行归纳、分析、表现，从而出现服装的模型。在这一构思过程中，服装的款式不断在修改整合，可以是一款，可以是多款的提炼，从而确定最为突出的一款作为"基型"（图7-12）。

图7-12　基础的确立

三、系列整体的生成

（一）群体的生成

基型确立之后，根据基型的款式形象，寻求共性元素，形成系列群体。

群体的生成首先从基型的款式构成中找到共性，如风格情调，造型表现，点、线、面的构成，然后进行拓展思维，确定款式变化。例如，风格情调是休闲风格，其他款式都为休闲风格；造型表现是宽松为主，则其他也会与之一致。

　　基型的服装有其独特的个性表现，它常常在服装的某些部位来体现它的独特魅力。群体服装可以在设计过程中利用这一特征，用相似性原则进行创设和衍生。设计的方法有特征相似法、内容加减法、形态移位法。

　　1. 特征相似法

　　特征相似法是指运用与基型相同或相似的特征进行群体设计的方法。例如，基型的形象特征是A型，群体的款式也采用A型，基型的面料、色彩以渐变为特色，群体的面料色彩也要为渐变。但在具体运用中，款式不能完全相同，可以在位置、大小、色相、纯度或方向上加以改变（图7-13）。

图7-13　A型系列装

　　2. 内容加减法

　　内容加减法是指运用款式的内容增加或减少的方法将基型的装饰、构成内容（点、线、面等）、色彩等进行变化。例如，基型装饰中用到拉链，在群体发展中，将拉链的数量增加或减少。装饰的部位也增加或减少，形成变化款。再如基型的袖口是扇形面的结构，在群体发展中，可以在袖口或领口、下摆等处都出现扇形结构的面，同时还可以增加层次、改变廓型面的大小（图7-14）。

　　3. 形态移位法

　　形态移位法是指运用移位、旋转等手法将形态特征表现到群体上的方法。例如，基型领口有V型的形态，在群体中可以将V型运用到袖口、下摆或服饰上。

图7-14　内容加减法

（二）个体的完整

个体是指系列中的单套服装，个体的完善是指单套服装与服饰品，外衣与内衣等整体的协调，它不仅仅只是服装的整体性，还包括服装与其他穿着状态、元素的配套。例如，一件晚礼服要与包、鞋、首饰、腰带以及妆容的色彩相协调。这种完善遵循的是形式美的法则，即统一与对比。服装的所有构成元素在统一的整体感中又体现着对比的活泼、变幻及生动。

统一是指两方面的统一。一是服装构成的统一，就是整体感。例如，服装构成中用到的点、线、面。在款式中表现要有整体性，不能零碎、杂乱，注意点、线、面应用的方法，点不能太散，线不能太乱，面不能太碎。二是形态特征的统一。例如，衣领用的圆形，耳环也用圆形；袖子是块面分割，手提包也是块面分割；上衣有方形口袋，下装也用方形口袋。这就是说，服装着装的整体效果是由这些具体部件在局部构成的统一形式的，这种形态上的统一可以削弱各部件之间的差异，加强之间的和谐，起到协调作用。除此以外，还可以在色彩上加强统一。例如，色彩过多、过于丰富，可以用黑、白、灰加以调和；色彩对比太强，可以降低明度、纯度加以缓解。

对比是指服装上所有形态、面料、色彩、装饰等方面的差异。例如，形态有大有小，有长有短，有方有圆，有深有浅，有花有素。一套服装没有对比，就太呆板、平淡，没有出色之处，对比是服装设计中最难掌握也是最容易出彩之处。反之，对比过于强烈，则使服装失去了整体感，会产生矛盾，没有和谐的美。因此，对比和统一在个体完善的运用中要恰到好处，才能得到最佳效果（图7-15）。

图7-15　统一与对比

（三）整体的完善

在基型确立到群体生成，再到个体的完成，似乎已经完成了系列设计的整个流程，为什么还要强调整体的完善呢？

在此过程中，将基型的最具代表主题的思想用款式形态表现出来，并在此基础上发展了群体，由一套衍生了多套，虽然数量上完成了系列的条件要求，但在整体效果上或者说质量上还没有做到最后的完善，在共性因素上仍需整合。

共性因素主要包括共同的主题、共同的外观造型、共同的款式结构、共同的面料、共同的色彩等。这些方面的完整协调都能体现系列服装的整体效果，在完善过程中，一般从整体入手，从细节局部调整。由于不同的设计师对于整体的理解也有不同，有的设计师强调的是整齐、稳定；有的设计师注重的是创意、变化。因此整体效果不能用统一的标准衡量。

设计师在完善整体时，运用统一与变化的服装形式美法则进行调节各方面的关系。在系列服装中，共性因素表现的过多，则需通过变化来调节，否则过于呆板、乏味。例如，一组系列服装中始终出现A型的短裙，那么就要将A型的造型移到其他部位，如裙口、上衣衣摆等；A型的长度也要发生变化，可加长、可减短（图7-16），这就是变化。反之个性因素表现过多，则要通过统一来修整，否则没有整体感觉，没有系列感。例如，一组系列服装中除了面料和色彩是共性因素，其他造型、款式形态都没有共性，那么就要加强款式形态、装饰等方面的共性，使每套服装之间有紧密的联系，增强视觉上的整体协调感，这就是统一（图7-17）。

图7-16　A型的造型完善

图7-17　整体的完善

四、系列服饰品的配套设计

系列服饰品是系列服装不可或缺的一部分，系列服装不仅仅只是衣服，它还包括服饰品，并且服饰品与服装要相匹配，形成一个协调的整体。

（一）系列服饰品概述

服饰品广义上指服装和服饰品；狭义上指除服装以外的服饰品，如鞋、帽、包、腰带、首饰等。服饰品对服装的整体效果有修饰调节作用。

随着经济文化的发展，服饰品不仅仅是服装的附属品，它更代表服装的文化和内涵，它可以作为一种艺术品展示在系列服装中，向人们传达有关职业、社会地位、个人角色等个性特征。

（二）服饰品的作用

1. 服饰品造型在系列服装中的作用

服饰品的造型以点、线、面的构成，遵循形式美的原则，形成与系列服装相同的或相似的造型。例如，系列服装是优雅的晚礼服，造型简洁、大方、优雅，讲究线条外形的变化，衬托女性曲线，服饰品如箱包则要以精致、小巧的造型，不能过于宽大、休闲，手包是最佳搭配，它可以衬托出晚礼服的精巧与雅致，突出穿着者身份和地位的象征（图7-18）。

图7-18　服饰品造型系列

2.服饰品色彩在系列服装中的作用

服饰品的色彩与服装相同，则会在视觉上有延伸的作用，使服装有完整、协调、统一的效果。服饰品的色彩与服装色彩是对比效果，则会使服装整体色彩更加丰富、充实、生动（图7-19）。

图7-19

图7-19　服饰品色彩在系列服装中的作用

3. 服饰品风格在系列服装中的作用

作为搭配元素的服饰品，风格直接影响到系列服装的整体效果和风格。例如，系列服装品是休闲运动风格，那么就应该搭配以运动型帽子、休闲包、运动或休闲鞋。选择合适风格的服饰品，能增添系列服装所要表达的主题情调，同时还使穿着者更好地表现休闲的情趣。服饰品作为服装设计的一部分，在当今设计多元的服装界已经越来越引起设计师的重视和重用。它影响着服装的整体效果，起到画龙点睛的作用。

五、服饰品的来源

在人们越来越重视服饰品的今天，服饰品的来源也可谓形式多样。

1. 选购

选购是最常见的一种方式，直接到市场选购所需的服饰品。选购的优点是快捷、方便、省时省力。缺点是契合度差，不易配套，没有个性特征和风格，不能做到与系列服装完全吻合，只能相似。

2. 自制

自制是按自己的设计风格、主题、完成的制作。可以自己制作，也可以请他人协助。自制的优点是有创意，与系列服装整体、协调。缺点是工艺质量不高，服饰品的材料也有缺陷。

3. 替代

替代是利用其他物品代替所需的服饰品。替代品一般不是服饰品，优点是效果新颖、独特、出人意料。缺点是替代品不容易获得，它的特征和功能属性也会受到影响。

4. 改制

改制是指在选购和替代的基础上进行改造。优点是适度性强、灵活多变。缺点是改造的过程中，由于技术的有限，改造难度大，效果不一定很好，设计师的思想不能完全表现出来。

思考与练习

1. 什么是系列？什么是系列服装？

2. 系列服装的三要素是什么？

3. 什么是共性？它在服装上的表现在哪些方面？

4. 系列服装如何分类？

5. 系列服装具体有哪些形式？

6. 简述系列服装设计的要点是什么？

7. 什么是主题？主题构思的形式有哪些？

8. 什么是基型？

9. 群体服装在设计与衍生的过程中具体运用了哪些设计方法？

10. 服饰品的概念？服饰品的作用有哪些？

11. 服饰品有哪几方面的来源？

12. 系列服装设计练习。

（1）特征相似法的练习。要求：运用特征相似法进行一组系列服装的设计，系列数量3~5套，有黑白人体的表现，用8开纸。

（2）内容加减法的练习。要求：运用内容加减法进行一组系列服装的设计，系列数量3~5套，有黑白人体的表现，用8开纸。

（3）形态移位法的练习。要求：运用形态移位法进行一组系列服装的设计，系列数量3~5套，有黑白人体的表现，用8开纸。

参考文献

［1］侯家华．服装设计基础［M］. 2版．北京：化学工业出版社，2011.

［2］杨树彬，于国瑞．服装设计基础［M］．北京：高等教育出版社，2015.

［3］于国瑞．服装设计［M］．北京：高等教育出版社，2010.

［4］李当岐．服装学概论［M］．北京：高等教育出版社，1998.

［5］韩静，张松鹤．服装设计［M］．长春：吉林美术出版社，2004.

［6］刘小刚．品牌服装设计［M］．上海：东华大学出版社，2007.

［7］李莉婷．服装色彩设计［M］．北京：中国纺织出版社，2004.

［8］张如画．服装色彩与构成［M］．北京：清华大学出版社，2010.

［9］bjrbbb．2010秋冬巴黎时装周:Issey Miyake［J/OL］．［2010-03-15］. http://www.
　　 51nacs.com/bd/vs/2010-3-15/1554645966_10.shtml.

［10］网伯乐潮姐．Chanel2016早秋时装秀［J/OL］．［2015-12-07］. https://www.douban.
　　　com/note/527716058/.

［11］悠展2217的博客［J/OL］．［2010-09-08］. http://blog.sina.com.cn/s/blog_5d6fb6720100
　　　kz4s.html.

［12］屠蕾．2011秋冬流行趋势异形女装风头正劲［J/OL］．［2011-10-11］. http://www.
　　　chinese-luxury.com/clothes/20111011/11378_3.html.